火龙果

三维建模与可视化

◎ 岳延滨 编著

U0349133

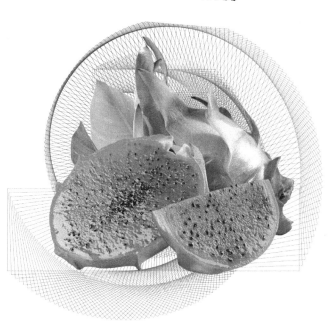

中国农业科学技术出版社

图书在版编目（CIP）数据

火龙果三维建模与可视化 / 岳延滨编著. —北京：中国农业科学技术
出版社，2020.10

ISBN 978-7-5116-5055-9

Ⅰ.①火… Ⅱ.①岳… Ⅲ.①热带及亚热带果—生物模型—建立模型
②热带及亚热带果—可视化仿真 Ⅳ.①S667

中国版本图书馆 CIP 数据核字（2020）第 187058 号

责任编辑	李　华　崔改泵
责任校对	李向荣
出 版 者	中国农业科学技术出版社
	北京市中关村南大街12号　　邮编：100081
电　　话	（010）82109708（编辑室）　（010）82109702（发行部）
	（010）82109709（读者服务部）
传　　真	（010）82106650
网　　址	http://www.CASTP.cn
经 销 者	各地新华书店
印 刷 者	北京建宏印刷有限公司
开　　本	710mm×1 000mm　1/16
印　　张	6.5　　彩插16面
字　　数	91千字
版　　次	2020年10月第1版　　2020年10月第1次印刷
定　　价	65.00元

前　言

　　植物三维建模与可视化是"数字植物"的重要研究内容，也是计算机图形学和农业科学研究的热点问题之一，并且得到越来越多研究者的关注。植物三维建模与可视化伴随着计算机硬件技术和图形算法的快速发展以及人们对植物生长机理认识的逐步加深而不断发展起来，其主要目标是通过应用数字化技术以及计算机图形学的理论和方法实现农林植物三维形态的虚拟仿真。这一研究对探索植物生长过程的规律，深化在农业科研和教学、生态环境和病虫害管理以及加强景观设计、动画制作等方面都具有重要的研究意义和应用价值。

　　为了能够比较系统地介绍火龙果三维建模的研究，根据编著者承担的贵州省科学技术基金和联合基金等有关火龙果可视化研究项目，结合在实际应用中积累的经验和收集到的国内外植物三维建模技术资料，形成了《火龙果三维建模与可视化》一书。本书概要介绍了火龙果的生物学特性、植物三维建模的常见方法、激光扫描技术的理论基础、火龙果器官点云数据的获取方法、点云数据预处理的理论基础与实现方法、火龙果植株三维模型的构建与可视化实现等，供相关部门、有关人员参考。

　　本书的撰写得到了各位同事的大力支持和帮助，并提出了宝贵的意见和建议，在此表示诚挚的感谢。

　　由于编著者水平有限，书中的错漏在所难免，敬请读者批评指正。

编著者

2020年8月

目　录

第一章　火龙果概述

第一节　形态特征

火龙果（*Hylocereus undulatus* Britt）因其果实外表具软质鳞片如龙状外卷而得名，又称红龙果、龙珠果、仙蜜果、玉龙果、情人果等，属双子叶植物纲、仙人掌目、仙人掌科、柱状仙人掌亚科、三角柱属（量天尺属、翼瓣柱属、西施仙人柱属或蛇鞭柱属）植物。火龙果原产于中美洲，在热带美洲、西印度群岛、南佛罗里达及其他热带地区均有分布，由于火龙果长期生长于热带沙漠地区，叶片已基本退化，叶芽也已演化为刺座，具备了抗高温和减少水分散失的生理基础。因此，较耐旱，抗风能力较强，但不耐低温霜冻，长时间的霜冻和低于零度的温度会严重影响其生长发育，甚至导致死亡。近几年来，陆续从我国台湾地区引种到贵州、广东及海南等省（区）种植（图1-1）。

图1-1　三角柱属火龙果形态特征

1

一、根

火龙果实生苗的根系与一般树木有很大的不同，属于浅根性肉质植物。植株无主根，侧根大量分布在15～30cm的浅表土层，同时有很多气生根（彩图1-1）。

二、茎

火龙果为多年生攀缘性肉质植物，茎多为三棱形，有时四棱，棱扁，边缘呈波浪或锯齿状，一般长30～150cm，宽3～8cm，深绿色或绿色，光滑无毛（彩图1-2），有些品种茎干表面附着白色粉状物。由于长期生长于热带沙漠地区，其叶片已退化，茎叶融为一体，呈棱剑状。光合作用功能由茎承担，茎内部是大量饱含黏稠液体的薄壁细胞，可以在雨季吸收较多水分，抵御漫长的旱季。茎上长有刺座，刺座沿着茎干边缘生长，每个刺座通常有刺2～6根，刺一般为灰白色、灰褐色或褐色（彩图1-3）。

三、芽

火龙果叶片退化为刺状，每个刺芽内有数量较多的复芽和混合芽原基，可以抽生为叶芽或花芽。叶芽发育成火龙果的分枝，花芽在气温达到20℃时可进行分化，开花结果，花芽发育早期，当温度条件适宜时，可以转化为叶芽。在适当的条件下，生长旺盛的茎干顶部组织也能产生花芽（彩图1-4）。

四、花

火龙果的花（彩图1-5）呈漏斗状，花瓣纯白色，朵形较大，具芳香，一般长25～30cm，直径15～25cm，全花重350～500g，有"霸王花"或"大花王"之美称。花托及花托筒长有绿色或黄绿色的苞片（亦称花被片），苞片多为卵状披针形，边缘及尖端呈紫红色或绿色；萼状花被片通常为黄绿色或黄色，长3~8cm，先端渐尖呈红色；瓣状花被片呈白色、红色或紫红色，长圆倒披针形，先端急尖；花柱为黄白色，长度一般在17~20cm，粗0.7~0.8cm；柱头呈线形，长度在3cm左右，先端渐尖；雄蕊多而细长，多达700~960条，与花柱等长或较短；花丝呈白色或淡黄色，一般长4~5cm；花药乳黄色，一般长4~5mm。开花时间一般是夜间至第二天清晨。

五、果实

火龙果果实（彩图1-6）形态奇特，极具观赏价值。果实为长球形或卵球形，体态雅丽，表皮呈红色、绿色或黄色，顶部有卵形和尖锐的鳞片。长7~12cm，直径5~10cm，果脐小，果肉白色或红色，质地温和，口味清香。有近万粒具香味的倒卵形种子，种子长2mm，宽1mm，厚0.8mm，黑色，种脐小。

第二节　生长发育过程

火龙果生长要经过幼苗期、成长期、开花期和结果期，整个过程需要12~14个月的时间。

一、幼苗期

火龙果培育一般使用扦插、嫁接和组织培养的方法，其中扦插占很大比例，主要是因为扦插这种方法可以显著缩短挂果时间。火龙果种植时间应控制在春天，通常在3—5月。

火龙果实生幼苗，有两片碧绿色肥厚子叶，随后从子叶中间部位长出肉质茎蔓。长大后子叶脱落，主要是靠茎蔓完成光合作用。茎蔓肉质粗壮，以三棱为主，棱边波浪状（彩图1-7）。

二、成长期

随着时间的流逝，幼苗越长越高，在适宜的条件下，叶芽分化，长出许多带有刺的茎。茎黄绿色，尖端边缘部位有不同程度的红色，刚萌发的茎有带刺和无刺两种状态。茎上会生长大量气生根，可依附于水泥柱子生长，还可以通过气生根吸收水分维持植株生长（彩图1-8）。

三、开花期

当气温达到20℃时，花芽进行分化。火龙果花期长，开花能力强，5—11月均会开花，每年可开花12～15次，平均每枝每个花季会着生花蕾2～3个（彩图1-9）。

四、结果期

火龙果花授粉后2天，子房转成深绿色，而且越来越深，花萼部分逐渐凋萎。3天后花萼与子房间有非常明显的白色隔离层，4～5天后授粉成功的子房开始膨大。果实发育至30天左右时不再继续膨大，呈椭圆或卵形，无刺，表皮具有鲜红或黄色的肉质叶状鳞片，鳞片开始软化，果皮散发光泽时即可采收。火龙果从开花至采收需50天左右（彩图1-10）。

第三节 生长环境条件

火龙果是典型的热带、亚热带植物，喜光耐阴、耐热耐旱、喜肥耐瘠。在温暖湿润、光线充足的环境下生长迅速。

一、温度

温度是火龙果生长的决定性因素，火龙果种植区域要求年均温不低于18℃，1月均温不低于8℃，极端低温不低于−3℃，持续时间不超过6小时。它的最适生长温区在25～35℃，温度低于10℃和高于38℃将停止生长，以植物特有的短暂休眠抗逆。5℃以下易导致冻害，甚至会致死。

二、土壤

火龙果是一种生命力非常旺盛的植物，对土壤的适应性很强，它能够在山地、旱地、半旱地、石山地、荒地、渍水的低洼地生长良好。虽然火龙果对土壤适应性很广，但以富含有机质、排水良好、疏松、团粒结构良好又不沙质化的中性或微碱性土壤为好，即pH值在7.0～7.8。因此，对于在曾经多次施过化肥的土壤种植火龙果，建议最好先用草木灰、石灰、河蚌壳粉等进行土壤微碱化处理。对于那些多年丢荒已长满野草的土地，多数可以不必微碱化处理，因为其pH值已被野草改变过来。合理的土壤pH值对火龙果快速生长和丰产具有重要意义。

三、水分

火龙果是一种耐旱植物，但是它的生长却需要较充沛的水分，因为土壤中的水分主要影响根系的发育，而根系发育是否健壮则直接影响到植株是否能够快速生长。如果火龙果种植地长期缺乏水分，就会造成火龙果生长停滞，甚至原有的粗壮肉茎也会慢慢枯萎。每年的5—11月，正值火龙果开花结果期，此时的火龙果植株需水量较大，特别是在果实膨大期所需水分最大，土壤相对含水量在50%～80%为好，但是如果气温高，天气干燥，长期不下雨，就应进行人工浇水。同样，如果土壤中的水分过多，尤其是缺乏氧气，火龙果的根就容易腐烂。

四、光照

火龙果是典型的阳生植物，喜欢温暖的直射阳光照射，如果在一段时间内光照时间长，阳光充足，火龙果的光合作用就特别旺盛，肉茎粗壮色泽浓绿，花多果大丰产，反之，则结果量明显减少。因此，火龙果应种在开阔的荒地，尤以阳面坡地为佳。火龙果的最适光照强度在8 000 lx以上，低于2 500 lx的光照对火龙果营养积累有明显影响。对于比较老熟的枝条，集中高强度日光直射，如果时间太长，积累的热量得不到散失，会导致部分火龙果茎产生日灼。

五、营养

在种植前期，与许多传统水果相比火龙果需肥量少。但是，这并不等于火龙果不需要各种营养成分，相反，由于火龙果生长速度快，亩产量高，在整个生长周期中所需要的肥料必须充足。

总的来说，火龙果是一种喜肥怕瘦的水果，在生长前期应供足氮肥，以帮助植株快速长高长壮，多分茎枝；在植株生长中后期则应多均衡施用氮磷钾肥，以增加植株的光合作用，促使植株早开花和提高果实中的蛋白质、维生素含量等。另外，由于火龙果的抗病性非常强，是发展绿色水果的首选品种之一，因此，应多施用有机肥，少施化肥。采取生草栽培法可为火龙果的生长发育创造良好的水肥气热条件，可以提高火龙果的光合效率，为丰产优质奠定了基础。

六、附着物

火龙果是藤蔓类植物，它的生长需要依附在一定的附着物上，对于附着物材料的选择没有严格要求，只要附着物有一定的硬度且垂直向上就可以了。因此，种植火龙果时一般都要在植株旁边立一根支柱，可以是水泥柱、木桩、钢管架，也可以是铁丝网等（图1-2）。

图1-2　火龙果立柱式和"A"形管架栽培

第四节 营养价值

　　火龙果营养丰富、功能独特。果肉中可溶性固形物含量达13%，含有丰富的植物蛋白、维生素、纤维素、氨基酸和矿物元素，尤其是红肉火龙果富含高浓度天然色素花青素；火龙果茎中含有丰富的生物活性物质，如维生素E、植醇、植物多糖及植物甾醇等；火龙果花中不仅含维生素C、有机酸、膳食纤维、蛋白质、多种维生素和矿质元素，而且含有大量的药效成分，具有明目、降火的功效；火龙果籽中富含不饱和脂肪酸、氨基酸、抗氧化物质及维生素C等；火龙果果皮中富含多酚和甜菜苷，是抗氧化剂的良好来源。定期食用火龙果，有降血糖、润肺、解毒、养颜、明目及预防大肠癌等功效。

第二章　植物三维建模技术

随着数字信息技术的飞速发展，植物三维建模已成为一个热门研究课题。植物三维建模就是利用计算机模拟植物在三维空间的生长发育状况，其主要特征是以植物个体为中心，以植物的形态结构为研究重点，所建立的模型是三维的，以可视化的方式反映植物的形态结构规律。植物三维建模技术是虚拟农业的核心研究内容之一，也是农业信息化进程中不可或缺的重要部分。

植物三维建模在农业领域研究中有着广泛的应用前景，它可以降低教育成本和科研成本，缩短农作物品种开发和创新周期。植物三维建模应用于艺术创作，可以生成逼真的三维虚拟场景，通过互动让体验者看到自然界植物生长发育的全过程。所以，能够快速、逼真地模拟出植物三维形态结构具有十分重要的意义。目前，植物三维建模主要有两个研究方向。

第一是单纯的植物外观形态模拟，注重形态的逼真性，目的是自然景观的再现。其应用领域：一是教育，用于制作数字图书馆、植物生长模拟软件，让大众形象地认识和了解它们赖以生存的植物。二是娱乐，用于三维动画场景的制作、电子游戏中虚拟场景的生成、影视特效的制作等。三是计算机辅助设计，用于园林、城市规划和生活区设计等，用于网上销售花卉等电子商务方面或广告创意制作。

第二是忠实于植物学理论的真实植物生长过程的模拟。其目的在于植物生长过程的研究，可应用于作物产量预测、土地生产力评估、植物环境分析、作物栽培指导、作物生长机理研究以及最新发展起来的精确农业技术应用等方面。其意义在于：一是植物三维建模技术可以在几秒钟之内模拟植物的整个生命周期，不必用很长的时间实地种植作物，节省了时间、人力及费用。如作物虚拟施肥、果树虚拟剪枝、作物虚拟育种的株型分析和选择等。二是在计算机上实现作物的动态生长，可以获得作物生长各参数的动态数据，一改传统农业难从定量化研究的局面，为智能化农作和精细农作提供依据。三是作物三维结构的可视化，为研究作物形态结构与生理生态的关系及为作物株型设计等提供新的方法和手段。四是对农业推广和农业教学而言，开发虚拟农场可以实现网上种田，是广大农民和学生快速掌握先进农田管理技术和农业知识的重要手段。五是通过模拟害虫在作物群体中的藏匿和觅食规律，确定最佳的喷药方式和时间，可以降低成本，减少环境污染。

第一节　植物三维建模方法

植物三维建模结合了计算机图形学和植物学等多个学科的知识，通过使用虚拟现实技术在计算机上模拟不同生育期植物各器官在三维空间的分布及生长情况，一般以植物器官、个体和群体为研究对象，生成符合实际并能反映植物生理形态结构的植物模型，并能够将各阶段的三维模型通过计算机可视化展示出来的一种植物模拟技术。

按照三维建模侧重点的不同，植物生长三维建模技术主要可以归纳为以下3类。

一、基于模型的植物三维建模

基于模型的植物三维建模方法是通过植物主要器官形态变化特征，提取植物生长过程规律，动态地模拟植物形态结构变化过程的建模方法。这类模型可以从生理生态上动态地模拟植物的自然真实生长过程，对于特定的植物，也可通过变换模型参数得到该植物主要器官的形态结构。其中L-系统和参考轴技术是比较典型的植物三维建模技术。

1. L-系统

L-系统（L-System），即"字符串重写系统（String rewriting system）"，是由荷兰生物学家Aristid Lindenmayer于1968年首次提出。该系统从公理出发，通过产生规则进行逐步迭代，生成一个字符发展序列，该阶段只着重于植物的拓扑结构，即植物的各个器官（主干、枝条、叶和果等）之间的相邻关系；后来把字符串系统的各个符号用几何图形加以表示，并且利用自然界植物的规则性和自相似性，通过自相似性和字符串迭代原则生成植物的拓扑结构，最终实现植物的动态生长。最初的L-系统是D0L-系统，其中D表示确定性，0表示上下文无关，即确定性上下文无关L-系统，它只能描述形状规则的植物模型。之后加拿大学者Prusinkiewicz等为了能够描述植物的生长过程，对L-系统进行了扩展，比如提出能够与周围环境交互的开放L-系统（Open L-system）和能够模拟植物生长随机性的随机L-系统（Stochastic L-system）。D0L-系统的图形一般用"龟形图"模拟表示。"龟形图"由Szilard和Quinton发明，并由Prusinkiewicz和Hannan扩展。"乌龟"的爬行轨迹即表示该L-系统所产生的图形，乌龟的状态由乌龟在笛卡尔坐标系的位置和方向组成。图2-1为利用L-系统产生的倾斜生长的草、棕榈树和有花蕾的植物。

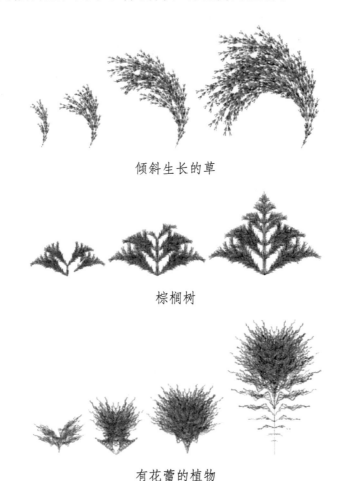

倾斜生长的草

棕榈树

有花蕾的植物

图2-1 基于L-系统产生的3种植物类型
（来源：苏伟，2013）

基于L-系统进行植物三维建模需要大量、长期的观察数据用于提取植物的生长规则，但是高大植物的生长规则不易提取，所以L-系统并不适合模拟高大树木。而且L-系统具体编程实现时，语言表示方法复杂，理解和使用困难。此外，利用L-系统模拟出的植物对象不是原位的，即模拟结果会表现出某类植物的某种特性，而非现实存在的某个植株或器官。

2. 参考轴技术

参考轴技术，也称自动机模型，是由法国de Reffye等提出的基于有限自动机（Finite Automation）的植物形态发生建模方法，是一种与植物生理生态模拟模型联系较密切的一种模拟技术，能够较好地模拟高大植株。该方法利用马尔可夫链理论和"状态转换图"（State Transition Graph）来描述植物的生长、发育及死亡等自然过程，是第一个比较适合仿真植物生长过程的模型方法。在此基础上，Godin等建立了多尺度植物拓扑结构模型，从而解决了利用不同时间长度来模拟植物拓扑结构的问题，该模型结合了环境参数，比较符合植物的生长规律。由法国国际农业研究中心（CIRAD）建立的基于参考轴技术的AMAP包含多个子系统，具有20多个基本结构模型，能够较好地完成对大型植物的模拟。

最有代表性的成果是中法研究人员联合开发的Green Lab系列模型。Green Lab模型采用双尺度自动机进行植物拓扑结构模拟，并模拟植株生物量的生产及其分配关系，且能模拟植物器官生物量积累和器官形态生成的关系，此模型弥补了AMAP系统模拟植株生理生态功能的欠缺。国内学者赵星等基于马尔可夫链发展了双尺度自动机模型，根据植物的生理生态特征，采用宏微观状态表示植物的拓扑结构，引入"同步生长机制"和"重复生长机制"模拟部分复杂结构，能有效完成具有生理生态学特性的三维建模。图2-2为玉米双尺度自动机模型及生成的拓扑结构。

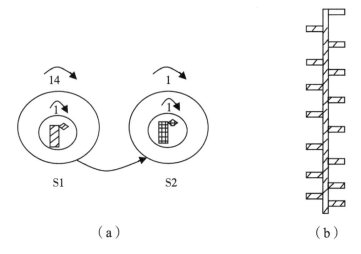

（a）　　　　　　　　　　　（b）

图2-2　玉米双尺度自动机模型（a）及生成的拓扑结构（b）
（来源：袁琪，2010）

　　基于模型的植物三维建模方法通过分析总结植物的生长规律及其各时期形态结构特性，调整模型参数能够得到特定植物的形态结构，并逐渐演变为能够模拟植物个体间与外界环境的相互影响。根据植物种类不同，研究者们提出了相应物种的模拟模型以满足不同植物三维建模可视化的需求。同时，基于模型的建模方法也存在一定的局限性：植物生长规律复杂，模型建立难度大且准确度有待提高；部分模型不适合高大植株的模拟；部分模型复杂，不利于编程实现或使用困难。

二、基于图像的植物三维建模

　　数码照相机及摄像机的普遍使用，使得植株个体及环境景象图像具备像素高、拍摄角度丰富以及图像获取便捷、成本低等特征。另外，图像遥感能够获取大视角、高解析度的景观图像，并能通过图像处理得到植株的参数序列。例如叶面积指数、植株数量估值及株型等。这就使得基于图像的植物三维建模研究成为可能。

从真实性的角度来看，相较于基于模型的植物三维建模方法，基于图像的植物三维建模方法真实性效果更好。国内外学者通过近几十年的不断研究，提出了大量的基于图像的植物建模方法。2003年，Han和Zhu等人通过采用3D形状和场景的先验知识从单个图像中来获取重建模型。2004年，Reche-Martinez等人提出一种体积方法即通过一组高精度照片来获取和渲染树木。然而，前面所述的方法存在纹理空间不够和各种照明条件不能满足等一系列问题。针对这些问题，Boris Neubert等人提出通过使用具有给定树木近似形状产生三维模型的方法来完善这一问题。除此之外，Quan等人在2006年提出一种高效的植物建模方法，该方法的核心思想是以一种半自动方式结合植物的图像来构造植物模型，虽然这种方法建造的植物模型质量很高，但是这种方法并不适合户外树木。Tan Ping等人在2007年解决了这一问题，他们提出了一种有效方法，该方法几乎不存在用户干预的问题，主要流程如彩图2-1所示。该方法的核心思想是使用少量的重叠图像（大多数案例中重叠图像的数量为10～20幅）来产生三维模型。

基于图像的植物三维建模方法，从植物形态可视化层面上利用多幅图像能够直观地显示植物的生长和形态建成，但目前还没有较合适的模型算法以实现大型植物的精确三维模拟。

三、基于激光扫描的植物三维建模

近些年来，随着科学技术的革新，三维扫描技术越来越成熟，尤其是三维激光扫描仪的应用，可以有效地获取植物的三维特征（彩图2-2）。其基本思想是通过扫描仪器对目标植物进行扫描，后期自行处理或使用配套软件处理大量点云数据以完成对植物的三维重建。市场上的三维扫描仪已逐步走向成熟，其优点在于型号丰富、文件输出格式多样，自带定标与图像处理系统，操作简便，通用性高及建立的模型真实度较高。缺点是价格昂贵，且在处理形态复杂、枝条遮挡严重的植物时，信息缺失严重。

如何提高点云数据的处理速度从而获取所需数据信息并简化模型，如何降低各类扫描设备在进行信息采集过程中光照等环境因素的影响，如何提高点云数据的处理速度以及如何精简模型等是基于激光扫描植物三维建模方法需要解决的首要问题。

第二节　三维激光扫描技术

三维激光扫描技术（3D Laser Scanning Technology）是20世纪90年代中期开始出现的一项高新技术，它能够在非破坏性的前提下，通过高速激光扫描测量的方法，自动、快速、准确、高密度地获取目标物体表面的三维采样点（即点云），为快速建立植物三维模型提供了一种全新的技术手段，在数字农业上有着巨大的应用潜力。

一、激光的特点

激光（Laser）是20世纪以来人类的一项重大发明，自然界本来并不存在激光，它是经过人工处理，受到刺激而发出的光，它与自然界中的光相比有以下4个特性。

1. 方向集中

激光与一般的太阳光源、白炽灯光源等不同，其发散性小，能限制在很小的区域范围内，并且基本上都是平行光线，不会向四周散射。所以激光在照射方向的集中度比其他普通光源好很多，因此很多仪器都利用激光方向集中的特性来测距和导向。

2. 相干性极好

由于普通光无法做到其震动方向与频率相同，所以称作非相干光，而激光作为一种出色的相干光，在波长和传播方向上的一致性等方面都表现得性能优越，所以在精密测量方面，普通单色光的可测量最大范围要比激光逊色很多。

3. 单色光源

光虽然具有波粒二象性，但其本质还是电磁波，不同的电磁波具有不同的波长和频率，从而让光有了不同的颜色。我们日常生活中的可见光一般是由频率存在差异、波长也不尽相同的多种光混杂在一起，各种不同颜色的光也融合在一起，其中，由7种可见光和红外线、紫外线等不可见光组合而成的太阳光就是很好的例子。天然的相干光几乎是不存在的，往往是多种不同的光混合在一起。但是激光的波长较短，频率范围很窄，是适用于实际应用的单色光。

4. 亮度高

激光的发射角非常小，一般在0.1°以内，传播方向又是以轴线为中心，所以其亮度与其他普通光源相比高出很多倍（一般是普通光源的数亿倍），并且传输距离远、抗干扰性也强。可以说激光是人类已知的最亮光束，与原子弹爆炸瞬间所发出的强光相比有过之而无不及。虽然激光本身的总能量并不是很高，但由于其能量集中度很高，当它汇聚在一点时能够在极短的时间内辐射出巨大的能量，产生高达几百万甚至几千万摄氏度的高温。

三维激光扫描仪正是应用了激光的这些特性，从解决实际问题的角度被研发出来。

二、扫描系统分类

当前，按照运行平台划分，将三维激光扫描仪归为以下4个类别，如图2-3所示。

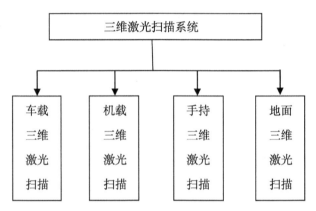

图2-3　三维激光扫描系统分类
（来源：朱智磊，2018）

1. 车载三维激光扫描仪

该扫描仪将全球定位系统GPS（Global Positioning System）、激光扫描系统（Laser System）、360°全景相机、惯性导航系统INS（Inertial Navigation System）、里程计、总成控制模块、高性能板卡计算机及电源集成并封装于汽车刚性平台之上，如图2-4所示。它利用汽车行驶方向作为运动维，并在垂直于行驶方向上做二维扫描，构成三维扫描系统。该系统工作时利用全景相机摄影成像，GPS对汽车进行定位，INS获取汽车姿态参数，里程计协作定位，所有数据实时传入计算机完成后处理工作。车载三维激光扫描仪拥有快速性、动态测量的优势，但其设计难度较大，主要应用于数字城市建模、带状地形图测绘、道路与高速公路方面的测量。

图2-4　车载三维激光扫描系统

（来源：朱智磊，2018）

2.机载三维激光扫描仪

该扫描仪以无人机作为运行平台，其构成与车载三维扫描仪基本一致，如图2-5所示。该系统在空中进行扫描，具有扫描范围广、速度快的优点，因此主要应用于实时获取大范围的数字高程模型（DEM）、数字表面模型（DSM）、数字正射影像（DOM）及快速重建城市三维模型等。主要原理是利用GPS、INS实现扫描仪的定位和姿态参数测定，再沿着飞机的航线方向进行纵向扫描，并通过扫描镜的转动实时横向扫描，最后利用摄影相机获取地面物体的影像信息。机载三维激光扫描系统可以获得影像数据、GPS定位数据、激光测距数据、姿态参数等，各采样点的三维坐标由数据处理器根据上述数据计算而来。

图2-5　机载三维激光扫描系统

3. 手持三维激光扫描仪

因为设备体积较小，该仪器相比于其他扫描系统具有的一个明显优势是便携，主要用于扫描体积不大的小型物件。因此多应用于医学领域、影视制作领域、逆向工程建模等，如图2-6所示。

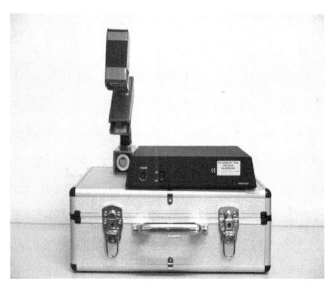

图2-6　手持三维激光扫描系统

4. 地面三维激光扫描仪

地面三维激光扫描仪为目前最先进的测绘仪器，集成了诸多高精尖技术。该系统主要由扫描仪、计算机控制器和电源系统3部分组成，如图2-7所示。其主要构造是激光扫描系统，它的构成主要有以下两个部分：一台扫描速度快而且具有高精度的激光测距仪，用于发射激光并实现扫描工作；一组按均匀角速度旋转的反射棱镜，用于引导激光的发射方向。地面三维激光扫描仪主要包括测距和测角两个系统，同时也集成了自动校正系统、仪器内部控制系统、时间计数器和控制电路板等。

在工程中根据扫描环境和精度的要求、距离远近、目标的大小以及复杂程度来选择最合适的三维激光扫描仪。

图2-7　地面三维激光扫描系统

三、基本原理

根据距离测量原理的不同，可以将三维激光扫描仪分成4类，如图2-8所示。

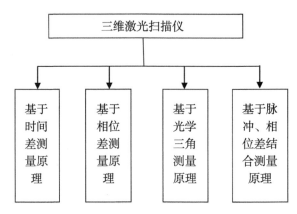

图2-8 地面三维激光扫描仪测量原理分类
（来源：朱智磊，2018）

1.基于时间差测量原理

目前绝大多数仪器制造商都是基于该原理生产三维激光扫描仪（图2-9）。通过测量从扫描仪发射激光脉冲信号到该信号返回仪器之间的时间差，计算扫描仪中心沿发射方向到被测点之间的距离。其计算公式如式（2-1）所示。

$$d = \frac{1}{2}c\Delta t \qquad (2-1)$$

式中，d为扫描仪中心到测量点的距离；c为真空光速；Δt为激光脉冲从发射到返回仪器的时间差。测距分辨率是激光扫描仪可以识别到的最小距离，由扫描仪时间测量精度决定，可以通过对式（2-1）进行微分求得。

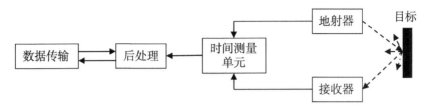

图2-9　基于时间差测量的原理
（来源：梁周雁，2018）

　　该类仪器扫描速度比较慢，获取的点位误差相对较大，但测距范围较远，一般可达几千米，光线的强弱对其精度的影响微乎其微，通常应用于大型工程测量，例如古文物、古建筑的数字化、地形地貌测绘等。

　　2. 基于相位差测量原理

　　扫描仪与被测物体之间的距离可以由测量仪器所发射的脉冲信号与被测物体反射的回波信号间的相位差计算得来，其计算公式如式（2-2）所示。

$$d = \frac{c}{4\pi f}\Delta\varphi \qquad （2-2）$$

　　式中，d为扫描仪到被测点的距离；c为真空光速；f为脉冲信号频率；$\Delta\varphi$为相位差。因为脉冲信号频率具有周期性，导致测量距离d与频率f的整数倍相关。若被测目标的距离较远，测量时间超过一个以上整数周期，就无法测定扫描仪到被测点的实际距离，所以该类扫描仪无法进行远距离测量，其优点是扫描速度较快，缺点是扫描范围较小，光线对点云精度和数量的影响相对较大，主要用于近距离测量和考古测量等。

　　3. 基于光学三角测量原理

　　由结构化光源、立体相机为主要部件构成的基于光学三角测量原理制造而成的扫描设备，通过获得两条光线建立立体投影关系进行测量。激光三角测距法的基本原理如图2-10所示，从图中可以得出被测距离在激光发射角度α、滤镜焦距f、中心距X已知的情况下，根据三角几何关系求出。

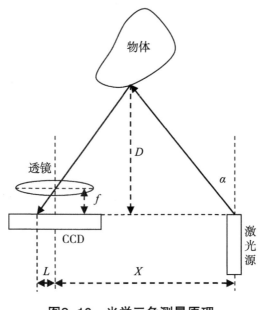

图2-10　光学三角测量原理

（来源：梁周雁，2018）

这种扫描仪扫描范围相对较小，一般在几米到几十米之间，主要应用于工业上的小范围测量。

4.基于脉冲、相位差相结合的测量原理

该类扫描仪具有脉冲和相位差扫描仪两者的优点，具有更广泛的适用范围。

地面式三维激光扫描仪的测角原理都是一样的，在测距系统测定扫描仪到物体之间距离d的同时，测角系统也在记录脉冲激光的水平发射角度和竖直发射角度，以保证三维激光扫描仪能够一次性获得被扫描目标的空间坐标信息。在扫描仪的内部一般都有自己的坐标系统，仪器坐标系的原点O是扫描仪的激光发射处，该原点与扫描仪对中、整平自动补偿后的状态有关，Z轴正方向为扫描仪竖直向上的方向，Y轴正方向指向被测物体，X轴与Y轴处于同一水平面内且互相垂直，Z轴与该水平面垂直，这样X、Y、Z轴就构成了一个右手坐标系，如图2-11所示。

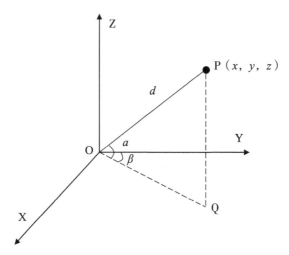

图2-11 三维激光扫描系统原理

（来源：梁周雁，2018）

图中α表示三维空间内P点到原点连线与其在XOY平面投影的竖直夹角，β表示Y轴与连线OQ在XOY平面投影的水平夹角，这样就能够通过这两个角度和一个距离运用三角函数关系计算出被测物体三维空间点的坐标。点云中每个点的三维坐标计算公式如式（2-3）所示。

$$\begin{cases} x = d\cos a \sin\beta \\ y = d\cos a \cos\beta \\ z = d\sin a \end{cases} \quad (2\text{-}3)$$

四、技术特点

三维激光扫描技术与传统的测量技术相比有以下4个特点。

1. 扫描速度快

三维激光扫描技术与传统的测角量边技术相比，在测量速度上有了极大的提升。不同种类的扫描仪由于采样间隔不同会具有不同的采样速度，一般采样速度为每秒几千到几十万个点不等。

2. 自动化非接触性测量

扫描仪通过电脑输入的指令来自动完成相应的扫描任务，使得室外作业更加简便，在不与物体接触的情况下，就可以得到物体真实可靠的描述信息，这使得那些难以到达区域的被测目标数据获取变为现实，带有危险性的目标和需要严格保护的文物亦可凭借这种技术获取目标数据。

3. 高密度和高精度采样率

激光扫描仪的精度和密度可以根据用户不同的需求和目的设置成不同规格的采样点间隔，一般来说，扫描仪的最小点间隔数量级可以达到毫米级别，所以得到的数据量会非常多，数据的密度也会非常大。

4. 可穿透性、环境适应力强

三维激光扫描仪具有一定程度的抗潮湿、抗辐射、抗震能力，对各种野外工作场合的环境适应力极强，几乎不会受到空气湿度大小、工作环境温度高低以及天气是否晴朗等因素的影响，这是其他类型的测量仪器无法相比的。并且扫描仪能够实现全天候观测，不管白天还是夜晚都可以照常工作，大大提高了工作效率和仪器使用率。

第三节 FastScan Scorpion™

传统的植物形态结构信息采集方法是基于植物本身的层次结构，这种方法虽然能够最大限度地反映植物真实的层次结构，但也存在着重大的缺陷，如数据搜集和归类过程无法分离，极大地限制了数据搜集和使用的灵活性，不利于实现大规模的植物数字化。

三维激光扫描仪的出现有效地解决了这一问题，利用手持式激光扫描仪产生的三维植物模型可以有效地获取、归类、研究和分享植物体的各项数据，使得人们可以从整体角度获取植物的三维形态结构数据，同时还不会影响植物体本身的生长发育。美国Polhemus公司生产的FastScan Scorpion™三维激光扫描仪是目前应用比较广泛的激光扫描设备。

一、系统简介

FastScan Scorpion™手持式激光扫描仪是一款优秀的设备（Polhemus，USA），如图2-12所示，同时它也是光学和电磁学相结合的产物。该系统包含一个手持设备（探测棒）、一个电子处理单元（PU）、一个电磁参照体（EM）和一个微型计算机系统。一般情况下，探测棒上安装着一套光学设备，其中包括激光束发射器（位于探测棒中间）和一个微型照相机。此外探测棒上还有一套电磁追踪系统，其作用是帮助计算机系统确定探测棒的位置和方向，同时也能帮助传感器确定目标物体的位置信息。电子处理单元（PU）包含一个视频处理设备和一个电子追踪器。电磁参照体（EM）的作用是，产生一个不断变化的磁场，用以确定电磁追踪器的位置和方向。

图2-12　FastScan Scorpion™手持式三维激光扫描仪

　　在实际操作过程中，探测棒所处的位置可以产生一个磁场。当用户按动扳机时，激光发生器产生红色激光扫描线，当扫描线扫过物体时，激光扫描线与物体表面的交叉点可被激光产生器旁边的微型照相机捕获，用户可以连续扫描并处理多个目标物体的结点，从而得到这些结点的数据。通常，FastScan Scorpion™激光扫描仪正常工作时的数据捕获精度是0.5mm，但这一精度常常会随着探测棒滑过物体表面的速度不同而发生变化。

　　FastScan Scorpion™扫描仪每次扫描都会产生大量数据，所以当扫描完整个目标物体时，产生的数据量十分庞大。利用FastScan Scorpion™附带的软件可以把原始数据简化，并以ASCⅡ码文件的形式输出。在此过程中，软件会把重复扫描产生的数据归并，因此用户将会得到唯一的结点数据，而不会造成由于同一结点被重复扫描而产生的数据重叠现象。此外，用户还可以自定义扫描仪的精度。FastScan Scorpion™激光扫描仪的另一个优点是它使用非接触性扫描方法，即探测器不接触目标物体的表面，因而获得的数据更加全面。

在植株三维建模过程中，FastScan Scorpion™激光扫描仪得到了广泛使用。运用表面匹配的数学方法（如有限元方法），可以对测量的结点数据进行插值处理，从而扩展了数据量。另外，经FastScan Scorpion™扫描得到的植株三维模型是基于植株真实结点数据构建的，因此这些模型比其他方法构建的植株模型更加详尽和准确。

二、功能特点

1.便携

作为一个工业标准的易携带、重量轻的手持扫描仪，FastScan Scorpion™可以带你到从没有扫描仪去过的地方，如考古挖掘地、作物栽培基地，甚至进入对光敏感的医疗监测室。从打开箱子开始，5分钟之内就可以做好准备工作。

2.快速

可以将被扫描物品线条迅速编结在一起，得到一个精确的模型复制品，即刻产生三维图像，像是在变魔术一样，物体被扫描过的部分实时显现在计算机屏幕上，并将扫描过的部分进行交替处理。

3.多种图形输出格式

被扫描物体的三维图形数据可以被保存成12种以上的工业标准格式，可以用来做三维建模、图形设计以及CAD项目等。

4.运动物体的扫描

扫描仪内置Polhemus公司的专利产品FASTRAK动作跟踪技术，磁性跟踪器用来确定扫描仪的位置和方向，使计算机能够完整地复制出物体的三维表面，而这仅需给目标物附上第二个跟踪接收器。

三、技术指标

FastScan Scorpion™三维激光扫描仪的主要技术指标如表2-1所示。

表2-1　FastScan Scorpion™三维激光扫描仪主要技术指标

指标类型	技术指标
接口类型	USB
自带软件	1. 功能灵活、操作直观的图形用户界面 2. 3D图形：点云、网络、可选是否叠加法线的平滑表面 3. 三维控制：旋转、缩放、移动、中心扫描和尺寸调整 4. 屏幕直接线性测量 5. 可选分辨率、细小表面碎块的合并、外层清除
输出格式	1. 3D Studio Max®（.3ds）、ASCⅡ（.txt） 2. AutoCAD（.dxf）、IGES（.igs）、Lightwave（.obj）、Matlab（.mat）、STL（.stl） 3. Virtual Reality Modeling Language（.wrl）、Wavefront（.obj）、Open Inventor（.iv）以及Visualization Toolkit（.vtk）
分辨率	1. 激光线长度随探测棒与物体表面距离增加而增长，通常情况下在200mm范围内的激光线长度为150mm 2. 沿激光线的分辨率取决于探测棒与物体表面的距离，通常情况下，在200mm范围内激光线分辨率为0.5mm，最佳分辨率可达0.1mm 3. 扫描速率为每秒50线，分辨率取决于探测棒的移动速度，通常情况下，在每秒50mm移动速度下的分辨率为1mm

（续表）

指标类型	技术指标
工作范围	发射天线和扫描仪之间可达75cm距离；也可选用更大功率的发射天线（TX4），工作范围可达105cm
精确度	0.178mm
环境要求	大的金属物体和强电磁环境会影响扫描效果，透明/半透明的、黑色的、强反射的物体表面都会影响扫描效果，这些表面需要做人工的处理（如涂上白漆）

四、注意事项

1. 磁场干扰

使用FastScan激光扫描仪的一个问题是磁场干扰。所有金属物体都应远离激光发射器。这是因为这些物体所产生的磁场会干扰扫描仪的探测棒，从而使探测棒无法确定位置和方位。因此，在扫描过程中，用户应去除身上一切金属器物以保证测量的准确性。

2. 强光源干扰

FastScan激光扫描仪的另一个缺陷是不能在晴朗的白天使用。这是因为当目标物体暴露在阳光或者其他强光源下时，扫描仪扫描该物体时会受到外界光源的影响，从而可能导致扫描错误。因此在实际植物体扫描过程中，应尽量选择一些诸如阴天等光照不强烈的环境或选择一些温室中的植物，以保证三维扫描过程顺利进行。

第三章　点云数据的获取

第一节　点云数据

点云数据可以真实记录目标物体表面的三维坐标，是三维仿真的数据基础，由于其具有高密度、易存储等优点，广泛应用于测绘工程、逆向工程及数字城市等诸多领域。点云的获取过程可以概括为，目标物体是由许多的点云组成的，利用三维扫描仪将这些散落的点集合在一起，使得目标物体的三维坐标、细节特征包括颜色、纹理及其他物理量直观地通过计算机显示出来。

三维扫描仪采集到的点云数据大致可以分为稀疏和密集两大类，从字面意思即可理解，稀疏点云是指采集到的数据点与点之间距离相对较远，利用三维坐标测量仪即可获取。密集点云是指采集到的数据点与点之间距离比较紧凑，需要利用三维激光扫描仪或其他扫描仪获得。

对紧凑点云进行细致归纳，常用的有以下4种类型。

一、扫描线点云

此类点云属于部分有序点云，其数据呈现部分规律、部分无序的状态，相邻两组扫描线之间的距离都是固定并有序排列的，但每一组扫描线上的点随机分布，无规律可循。

二、阵列式点云

区别于扫描线点云，阵列式点云的每个点和每个扫描线之间的距离都是有规律的，且均匀以行和列的方式进行排列。

三、三角化点云

此种点云数据排列依据一定顺序，三点之间相互连接即可构成三角形形态。医学的核磁共振成像、工业CT和层切法等系统均为此类型点云。

四、散乱点云

散乱点云的数据是随机分布、杂乱无序的，利用坐标测量仪对目标物体随机采集的点云数据多为此类型，三维激光扫描仪经过多次扫描得到的点云数据也为散乱点云。

第二节　点云数据采集方法

点云数据的获取是三维建模的基础，在长期的研究和实践中人们发现，针对不同应用领域和不同需求，三维数据获取方式也有较大区别，并且依据不同数据源，建模方法也存在差别。依据不同的分类标准，将三维数据获取方式进行简要总结，具体分类如图3-1所示。

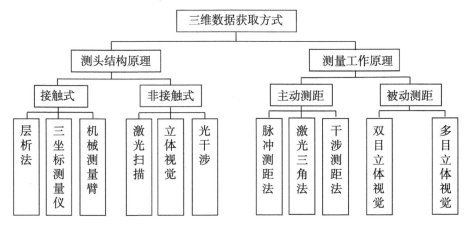

图3-1 三维数据获取方式分类
（来源：梁周雁，2018）

一、测头结构原理分类

根据测量设备测头结构原理的不同，测量仪器在采集点云数据时可进行接触式测量或非接触式测量，两种采集方法的采集原理及适应要求各不相同，下面对两种方法进行简要分析。

1. 接触式测量方法

接触式测量，顾名思义为测量仪器和目标物体需要接触的测量方法。此种方法可以更为精准地获取数据，但是由于接触会对目标物体造成细微的形变，导致测量结果存在误差。

坐标测量仪（Coordinate Measuring Machines，CMM）是接触式测量方法上较为常用的测量仪器，测量的第一个步骤是将目标检测物体放置在CMM扫描范围内，测得其空间几何位置坐标，并将测得的数据上传给计算机进行计算和分析，得出更精确的物理量。接触式测量方法对于试验人员的自身素质要求较高，必须对实物模型中的重点扫描部位充分了解并掌握点云的拟合技术，才能够保证处理后的点云数据与目标物体有较高的相似程度。由于是人工测量，所以整个测量过程耗时较长，虽然可以获得十分精准的点云数据，但是点云数据量不多，为后续还原目标物体原型增加了难度。

这种方法要求目标检测物体本身的形态不易发生改变，因为在测量过程中测量仪器会因为接触目标物体，导致目标物体受到一定程度损伤，例如海绵等外形容易改变的物体，利用该方法检测无法获得较高的检测精度。在实际操作过程中，由于CMM对环境温度较为敏感，温度变化也会影响其测量精度，因此接触式测量更偏重于理想化，抗干扰性较强的目标物体，实用性不高。

2. 非接触式测量方法

与接触式测量方法相比，非接触式测量因为其检测速度快、无需与目标检测物体接触即可对物理量信息进行测量，在实际测量中应用较为广泛。根据测量手段不同，可大致分为超声测量法、电子计算机断层扫描和结构光法等。

超声测量法是通过测量仪器发出特定的声波，被测物体在接收到声波信号后会产生回声效应，以回声的响应时间为依据，可以测得声源与被测物体的距离。

电子计算机断层扫描就是我们常提到的CT图像检测法，医学人员通常利用这种方法来检测人体内某个器官的病变，具体检测原理为：利用X射线照射被测部位或物体，不同性质的人体组织或物体对X射线的接收程度不同，获取的数据上传给计算机，通过计算和处理得出最终的CT图像，这种方法成像快，极大地节约了人力成本。

结构光法测量首先要在被测物体表面加装光源，当光源照射到被测物体表面上会发生不同程度反射，测得入射光和反射光形成的夹角，根据计算公式，被测物体表面的位置坐标即可得出。

通过对两种测量手段进行比较，非接触式测量在测量精度、准确度和效率方面要优于接触式测量，且对目标物体的要求相对较少，对复杂物体可以反复测量，但同时也易受被测目标物体本身的表面特性和光环境影响。

二、测量工作原理分类

依据测量工作原理又可以将点云数据的获取方式分为主动测距法和被动测距法。

1. 主动测距法

主动测距法区别于被动测距，是通过测量系统接收自身发射的能量，利用一定的几何关系和数学公式计算被测点的三维坐标，如近年来兴起的三维激光扫描技术，已成为各个领域获取三维坐标数据的主要手段。

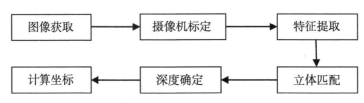

图3-2　立体视觉获取三维坐标流程
（来源：梁周雁，2018）

2. 被动测距法

被动测距法通过被测物体表面发射或反射的图像信息恢复物体的三维信息，其常用的方法是立体视觉法。立体视觉法获取物体三维坐标的过程如图3-2所示。

第三节　植物三维扫描注意事项

三维激光扫描技术的日趋成熟和相关仪器设备的广泛应用，使得三维建模成为研究热点，现已被广大学者广泛应用于逆向工程、医学研究、考古和文物保护等领域。在植物三维建模方面，传统的手工数据采集技术速度慢、精度低已经难以满足建模要求，而三维激光扫描测量技术能够在很大程度上克服传统手工测量的局限性，采用非接触主动测量方式直接获取植株或器官的高精度三维数据，且具有扫描速度快、实时性强、精度高等特点。

FastScan Scorpion™三维激光扫描仪是目前在植株三维建模中应用比较广泛的激光扫描设备，在实际应用过程中要注意以下几个方面。

一、注意事项

应用FastScan Scorpion™进行植株扫描时应该注意以下几点。

一是必须保证植株在扫描过程中保持静止。

二是保证扫描仪距离植株表面的距离为10～15cm，太大（大于22cm）或太小（小于8cm）都有可能影响数据精度，同时也要保证扫描动作的一致性，尽量垂直于植株表面，使其扫描效果更佳。

三是控制扫描速度，并根据环境中光线的强弱选择激光强度。

四是合理选择发射器（起定标作用）的位置，并且保证扫描过程中发射器位置不变。在标配发射器中FastScan的扫描范围为75cm，使用4英寸（1英寸=2.54cm）长的电磁参照体（EM）可以获得105cm的工作距离。扫描精度在以参考源为中心的范围内为0.75mm。

FastScan Scorpion™在植株扫描过程中存在如下限制。

一是获取活体植物三维模型时，植物应具有分层结构明显、叶片稀疏的特性。

二是一些植物的表面不适合激光扫描，如半透明、透明、反光和深色复杂的表面等，在扫描时，需要人工处理这些表面，以改变它们对激光的敏感度。

三是FastScan Scorpion™对外界环境有一定的要求，大量金属的存在会干扰扫描仪的追踪，影响扫描仪的工作性能。

二、常用配件

FastScan Scorpion™的优点在于能够快速方便地扫描植株或器官，能够广泛应用于室内和室外，对于复杂植物的叶片、果实等三维模型的获取有较大的应用价值。

FastScan Scorpion™配套软件除了在扫描过程中应用之外，还可以对扫描数据进行处理，主要包括点云的分割、RBF软件扩展、自动空洞填充、表面的平滑外推、在保持扫描细节的同时网格简化、确保封闭的水密（Water Tightness）网格输出、网格均匀三角化等。

FastScan Scorpion™的数字化探笔可以在三维空间追踪系统产生一个关于位置和方向的标记，配套软件会记录这些坐标并显示在屏幕上。数字参考符号显示了标定点精确的位置和方向信息。通过探笔可以根据需要快速获取控制点，为复杂、难以扫描的结构数据获取提供有效补充。

第四节　火龙果原始图像数据获取

一、火龙果田间试验

试验于2017年在贵州省农业科学院惠水县好花红数字农业试验基地（26°01′N，106°35′E，海拔高度为752.0m）塑料大棚内进行（图3-3）。目标植株为贵州省果树科学研究所选育的紫红龙，于2015年4月扦插，立柱式栽培。分别于营养生长阶段、开花期和结果期选择具有代表性的火龙果植株进行三维点云数据采集。

图3-3　火龙果大棚试验

虽然FastScan Scorpion™便捷可移动，但由于受到电磁参照体（EM）的影响限制了自身扫描范围，最大扫描距离为105cm。一株完整的立柱式栽培火龙果高度在160～180cm，明显超出了这个范围。因此本试验决定采用分器官三维扫描建模再拓扑组合的方法构建火龙果植株三维模型。

首先在田间选择具有代表性的植株，采用直尺在田间原位确定火龙果植株的株行距。

其次采用地质罗盘确定火龙果种植行向及每株火龙果上茎、

花朵及果实的方位角。

然后对选择植株进行多角度拍照，用于后期的渲染操作和器官拓扑组合。

最后，将火龙果植株按器官进行分解后带回实验室。

二、器官三维扫描

火龙果地上部植株主要包括茎、花朵和果实3部分，其三维形态是由器官的数量、形态、空间位置及拓扑结构所决定。器官三维建模是火龙果植株三维建模的核心部分。

为了构建高质量的火龙果器官三维点云模型，提升点云数据获取技术是关键，同时也为三维点云数据去噪平滑、精简及补充重建后的模型缺孔做铺垫，在分析点云数据特征的基础上，采用FastScan Scorpion™三维激光扫描仪获取火龙果植株各器官的三维点云数据。

1. 扫描预处理

FastScan Scorpion™作为一款手持式激光扫描仪，在对植物进行扫描时，尤其是植物器官，十分方便、实用，但也会出现一些问题。其中之一就是植物器官表面由于不能反射回足够的激光，造成探测器无法探测器官的轮廓，产生这种问题的原因在于器官表面反射光或者器官自身颜色的干扰。由于绿色表面吸收除绿色之外的其他颜色，而FastScan Scorpion™激光光束是一种单一的红色光，所以植物器官表面有时不能反射回足够量的红色激光光束，使得扫描仪的光束接收设备无法计算出数据点的位置坐标。解决办法除了把红色激光束变成绿色激光束这种成本昂贵的方法之外，对目标植物体表面进行必要加工以改变其反射光的属性也是一个好方法，即把研磨得很细的白垩或黏土灰用水和匀，使用油漆喷枪将其喷洒在器官表面，从而使器官表面能够反射出足量的红色激光以使探测器计算出目标物体的结点坐标和方位，如彩图3-1所示。

2. 扫描过程

整个点云数据采集过程都要在器官无扰动的条件下进行。将被采集的火龙果器官固定，由于金属对FastScan Scorpion™有比较强的干扰，因此试验采用自制木质固定架、竹签及塑料管等固定目标器官（图3-4）。选用有效半径为105cm的TX4电磁参照体，固定发射器的位置，使X轴指向正北方，Y轴竖直向上。扫描时遵循从顶部到底部的次序，扫描头距被扫描器官表面10～15cm，扫描过程平稳、连续，两次扫描之间的相邻区域重合。在扫描过程中，通过扫描仪的配套软件（FastScan Software）实时地检查扫描结果，确保器官边缘完整，器官表面没有明显的空洞。

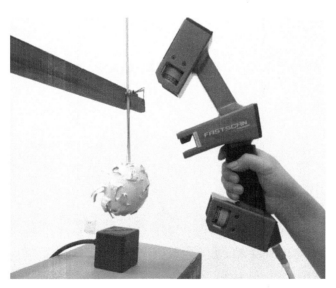

图3-4　火龙果果实表面点云数据采集

为了能够提高火龙果器官三维点云数据的准确性，提高模型重建质量，在获取器官表面三维点云时通常需要从不同角度对目标器官进行多次扫描，尤其是花和果实，在获取多角度点云数据的同时减少同角度扫描次数，并且在获得火龙果器官点云数据完整性的基础上尽量减少数据的重复性。因此试验采用方位式扫描，基站相邻两站为90°，扫描过程中目标器官与基站之间的位置关系，如图3-5所示。

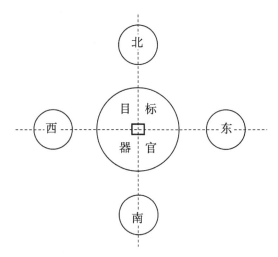

图3-5　火龙果器官三维数据采集装置示意图

3. 扫描结果

火龙果茎的形态比较简单，使用FastScan Scorpion™三维激光扫描仪从不同的角度多次扫描即可获得火龙果茎的三维点云数据（彩图3-2a）。

与茎相比，花朵的形态结构比较复杂，苞片和花被片层层叠叠，导致难以获取完整的花朵点云数据，因此试验采用分层扫描的方法采集花朵点云数据。首先将花朵固定，扫描获取表层点云数据后，去除表层遮挡的花托、苞片及花被片后，继续扫描，直至获取完整的花朵点云数据（彩图3-2b）。

　　果实是火龙果的重要器官，形态结构也比较简单，只是鳞片会对果实表面造成一定的遮挡，从多个角度对果实进行扫描就可以获得完整的果实点云数据（彩图3-2c）。

　　应用FastScan Scorpion™扫描得到的火龙果器官点云数据含有大量的冗余信息，利用配套软件对点云数据进行初步处理，将多次扫描的重叠区域对齐，去除冗余点，生成一个完整的火龙果器官点云数据。最终火龙果茎点云模型平均由16 425个顶点和31 523个三角面元组成，花朵点云模型平均由85 930个顶点和138 470个三角面元组成，果实模型平均由82 938个顶点和143 284个三角面元组成。

第四章　点云数据去噪平滑

在点云数据采集过程中会受到各种人为或随机因素的影响，不可避免地会掺杂各种噪声点，这些噪声数据与建模所需点云数据没有任何关系，不仅会使点云数据量增加，也会导致后期计算点云局部特征时损失精度，甚至造成错误结果。因此，为了提高三维建模的质量，点云数据去噪平滑过程至关重要。

第一节　噪声产生的原因

点云数据中噪声的产生是多种因素综合作用的结果，分析和总结噪声来源，大概有以下几类。

第一种噪声来自目标物体自身，包括表面材质、颜色、纹理、形状、光滑程度、反射率以及对激光的吸收程度等。当被测物体表面非常光滑时，比如说扫描透明的玻璃杯，会使激光束发生较强的镜面反射，从而产生误差，引起噪声。

第二种噪声来自扫描系统本身的误差，由于三维激光扫描系统自身的缺陷及性能上的不足，造成点云数据中含有系统误差和随机误差。这些因素包括三维激光扫描仪的测距精度、扫描时设置的扫描分辨率大小和扫描角度、激光光斑、系统的电噪声、热噪声以及抗震性能大小等。

最后一种是由于偶然因素或者突发性因素影响而产生的误差，如行人车辆和树木等对被测物体造成遮挡而引起的误差，不仅会造成有效点云缺失，还会产生很多无用的噪声数据。

基于上述3种因素的影响，如果在对点云数据处理前不先去噪，将会对特征点提取的精度和重建模型的质量产生直接影响，可能会导致重构曲线、曲面不光滑，从而降低三维模型的精度。因此在模型重建之前，必须对点云数据进行去噪平滑处理。

第一类噪声点一般夹杂在实际扫描物体的点云数据中，第二类和第三类噪声表现为与实际扫描点云数据相隔较远。对于不同类型的噪声点，应该根据其特性采用不同的去噪方法。

第二节 噪声去除方法

为了能够进一步保证预处理后的三维点云数据保持良好的细节特征，减少对噪声的敏感性，国内外诸多学者对三维点云数据去噪进行研究，根据不同类型的点云数据，不同的扫描采集方式，去噪算法与方法也有所区别。目前点云去噪方法主要分为有序点云去噪与空间散乱点云去噪。

一、有序点云去噪

在对有序点云去噪之前，首先要了解有序点云包括哪些类型，然后再确定具体的去噪方法。像扫描线点云、网格点云和多边形点云都属于有序点云，与之对应的去噪方法主要有以下几类。

（1）孤立点排异法。这种方法原理简单，易于操作。在去噪的过程中，首先观察整体点云数据，然后直接将偏离中心点的点排除掉，因为无法对点云数据中混淆较为严重的噪点进行排除，因此只适用于初级或简单去噪。

（2）曲线拟合法。该方法利用数学公式计算的方式进行去噪。首先在点云数据中，取任意扫描线的首末两点，利用数学方法将其拟合成一条曲线；然后将扫描线的中点与曲线相连接，用已有的距离定阈值与连接线长度进行比对，后者较大，则确定为可以剔除的噪声点，如果定阈值较大，则排除为噪点，继续保留。

（3）弦高差法。将给定点集的首末两点相连成弦，测量每个点到弦的长度值，用已有的距离阈值与连接线长度值进行比对，后者较大，则确定为可以剔除的噪声点，如果距离阈值较大，则排除为噪点，继续保留。

（4）全局能量法。该方法组建了适用于网格式点云的能量方程，通过计算可以得出在约束情况下的能量最小值。该方法去噪过程耗时较长，并且需要足够的计算及储存空间，当放大网格时，发现局部去噪效果并不理想，有待于进一步提升和改进。

（5）滤波法。这种方法的检测原理是利用滤波函数计算达到预期的去噪效果，常见的滤波法有均值滤波、高斯滤波和集中值滤波等。

二、空间散乱点云去噪

空间散乱点云数据有效去噪方法可分为两大类，一类是通过各种算法实现噪声点的去除，另一类是交互式手动剔除。

（一）算法去噪法

算法去噪声法不需要人工交互，但是计算复杂且较耗时。常见的算法有以下几种。

1.拉普拉斯算法

拉普拉斯算法去噪过程如图4-1所示，通过多次迭代的方法把数据中的噪声移动到邻域几何重心处，从而达到去噪的目的。此算法对于点云分布均匀的情况适用性很强，能够取得较好的去噪效果，当点云分布不均匀或含有大量噪声数据时，运用拉普拉斯算法会造成顶点漂移等异常情况。

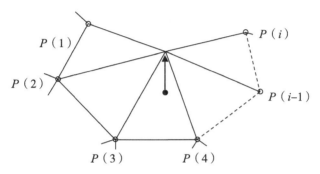

图4-1 拉普拉斯算法去噪过程示意

（来源：梁周雁，2018）

2.双滤波算法

设点云集合$P=\{P_i\in R^3|i=1，2，\cdots n\}$，则双边滤波可以定义为式（4-1）。

$$\widehat{p_i}=p_i+\lambda n_i \qquad (4-1)$$

式中，$\widehat{p_i}$为采集点p_i经过双边滤波后的新点；n_i为点云集合C中采样点p_i的单位法向量；λ为双边小滤波权因子。

λ的表达式为：

$$\lambda=\frac{\sum p_{j\in N(p_i)}w_c(\|p_j-p_i\|)w_s(|<n_j,n_i>-1|)<n_i,p_j-p_i>}{\sum p_{j\in N(p_i)}w_c(\|p_j-p_i\|)w_s(|<n_j,n_i>-1|)} \qquad (4-2)$$

双边滤波算法对于去除小尺度噪声效果明显，但是在处理特征变化较为剧烈的点云数据时容易造成过度平滑等问题。

3. 平均曲率移动算法

平均曲率移动算法以平均曲率的速度沿着网格特征线方向来移动顶点位置，从而实现点云数据噪声的去除。令点集顶点为P_i，则顶点相应更新为式（4-3）。

$$p_i^{i+1} = p_i^i + \lambda G(p_i^i)n(p_i^i) \qquad （4-3）$$

式中，G为平均曲率；n为点P_i的法线方向。图4-2演示了利用平均曲率移动算法进行点云去噪的过程。

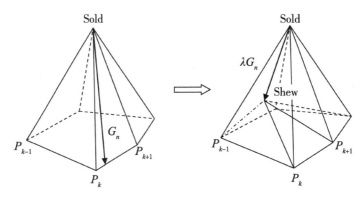

图4-2　平均曲率移动算法去噪过程示意
（来源：梁周雁，2018）

（二）交互式手动去噪法

交互式手动的方法比较简单、直观，不便之处就是需要较多的人工交互。适用于背景简单、噪声点较少且明显的点云数据。

三、火龙果点云去噪

由于火龙果器官点云数据采集是在室内进行的，这样就能有效避免因扫描到其他物体而产生过多的噪声。因此在获得的火龙果器官点云数据中，噪声数据比较少且明显，因此，采用交互式手动去噪法就能达到很好的效果。彩图4-1以火龙果花蕾的点云数据为例，给出手动去噪声法的过程，其中彩图4-1a为原始点云数据，彩图4-1b为选取噪声点，彩图4-1c为手动去除噪声点后的花蕾点云数据。

第三节　点云数据平滑

通过第二节中介绍的方法对点云数据进行噪声去除后，点云模型表面依旧不光滑，会影响后续模型重建的效果，因此还需要对点云数据进行平滑处理。常见的点云平滑方法有以下几种。

一、k近邻搜索

k近邻意思是如果一个样本在特征空间中的k个最相似（即特征空间中最邻近）样本中的大多数均属于某一个类别，那么该样本也属于这个类别。比如给定一个训练数据集，对新的输入实例，在训练数据集中找到跟它最近的k个实例，根据这k个实例的类判断它自己的类。

运用八叉树方法可以把k近邻计算缩小至一个固定范围，如此便可加快寻找速度，八叉树是依据子节点中点的数量来判断是否结束分割，当其数量小于给定的m时，便停止分割。点云中寻找k近邻依靠八叉树结构可以提高寻找效率，依据点云的空间位置，通过邻域搜索的方法获得节点，最后搜索八叉树中的邻近节点就能获得此点的k近邻。

二、法向量的计算

法向量是点云数据中十分重要的参数，对后期三维模型重建的精准度有着极大影响。迄今为止有大量估测点云法向量的方法，但每个算法的复杂程度和最后效果都是不同的，其中最小二乘法和协方差分析法，是点云法向量计算较为常用的两种方法。

1. 最小二乘法

最小二乘法先要拟合局部曲面，如式（4-4）所示。

$$z = a_0 x + a_1 y + a_2 \qquad (4-4)$$

式中，x、y、z分别为拟合曲面的分量；a_0、a_1分别为x和y分量的系数；a_2为常数项。

一个系列中的n个点（$n \geqslant 3$）：（x_i，y_i，z_i），$i=0$，1，…$n-1$，运用这些拟合曲面就需要式（4-5）取值最小。

$$S = \sum^{n=1} \left(a_0 x_i + a_1 y_i + a_2 - z_i \right)^2 \qquad (4-5)$$

若使S最小，应该满足式（4-6）的条件。

$$\frac{\vartheta S}{\vartheta \alpha_k} = 0, \quad k=0,1,2 \qquad (4-6)$$

那么得出式（4-7）。

$$\begin{cases} \sum 2(a_0 x_i + a_1 y_i + a_2 - z_i)x_i = 0 \\ \sum 2(a_0 x_i + a_1 y_i + a_2 - z_i)y_i = 0 \\ \sum 2(a_0 x_i + a_1 y_i + a_2 - z_i) = 0 \end{cases} \qquad (4-7)$$

公式4-7转换后为式（4-8）：

$$\begin{cases} a_0 \sum x_i{}^2 + a_1 \sum x_i y_i + a_2 \sum x_i = \sum x_i z_i \\ a_1 \sum y_i{}^2 + a_0 \sum x_i y_i + a2 \sum y_i = \sum y_i z_i \\ a_0 \sum x_i + a_1 \sum y_i + a_2 n = \sum z_i \end{cases} \quad （4-8）$$

得到式（4-9）：

$$\begin{vmatrix} \sum x_i{}^2 & \sum x_i y_i & \sum x_i \\ \sum x_i y_i & \sum y_i{}^2 & \sum y_i \\ \sum x_i & \sum y_i & n \end{vmatrix} \begin{pmatrix} a_0 \\ a_1 \\ a_2 \end{pmatrix} = \begin{pmatrix} \sum x_i z_i \\ \sum y_i z_i \\ \sum z_i \end{pmatrix} \quad （4-9）$$

式中（x_i，y_i，z_i）为给定点 k 邻域中的任意一点。

将式（4-9）进行运算，便可求出 a_0、a_1 和 a_2，曲面中的一个法向量便为（a_0，a_1，-1）。最小二乘法里面形成曲面的 n 个点，就是点云数据里面各个点的 k 邻域。这种方法运算量比较庞大，因为要把各个点 k 邻域的曲面构建出来，再用曲面法向量近似出这个点的法向量，计算烦琐，也是其弊端所在。

2. 协方差分析法

梁世超等运用二维示意图以简单明了的方式，显示了局部空间点云主分量方向与协方差矩阵特征向量之间的关系。在矩阵里面，与特征向量对应的特征值可以用来表示每个主分量方向的变化量。其中，最小特征值对应的特征向量表示相关的主分量方向最小，因此，特征向量可以用来估计点云的局部空间法向量。运用基于点的局部拟合算法，是因为协方差分析法的优势在于计算简单、快速。首先，列出基于点的 k 邻域的邻域协方差矩阵；其次，对局部协方差实行剖析；最后，把邻域协方差矩阵的特征值、特征向量计算出来。其中，点云的任意一点 $p_i \in P$，便可以列出邻域协方差矩阵的公式，见式（4-10）。

$$C = \begin{bmatrix} pi_1 - p_c \\ pi_2 - p_c \\ ... \\ pi_k - p_c \end{bmatrix}^T \begin{bmatrix} pi_1 - p_c \\ pi_2 - p_c \\ ... \\ pi_k - p_c \end{bmatrix}, pi_j \in N_p \qquad （4-10）$$

式中，p_c代表邻域点集N_p的质心；N_p代表点p_i的邻域点集。

由此得出，该点的法向量为邻域协方差矩阵的最小特征值对应的特征向量。

三、双边滤波因子法

双边滤波因子法最早应用于二维图像的噪声去除，为使这种方法运用到三维空间中，有学者对该方法进行改进，可以在保证点云边界的情况下，对点云数据进行平滑。

式（4-11）表示了模型中每个点之间的关系。

$$q_{\text{new}} = q_{\text{old}} + \alpha_{\vec{n}} \qquad （4-11）$$

式中，q_{old}表示平滑前的数据点；q_{new}表示平滑后的数据点；α表示双边滤波加权因子；$\vec{n}$代表数据点q_{old}的单位法矢。双边滤波加权因子的定义如式（4-12）所示。

$$\alpha = \frac{\sum k_{ij} \in N(q_i) w_{\sigma s}(\|q_i - k_{ij}\|) w_{\sigma s}(\vec{n_i}, q_i - k_{ij})^2}{\sum k_{ij} \in N(q_i) w_{\sigma s}(\|q_i - k_{ij}\|) w_{\sigma s}(\vec{n_i}, q_i - k_{ij})^2} \qquad （4-12）$$

式中，$N(q_i)$为数据点q_i的邻域。运用标准高斯滤波进行平滑滤波，如式（4-13）所示。

$$W\sigma_c(x) = e^{-x^2/2\sigma_c^2} \qquad （4-13）$$

利用类似于平滑滤波的特征保持权重函数式（4-14）计算。

$$W\sigma_c(y)=e^{-y^2/2\sigma s^2} \qquad （4-14）$$

式4-13和式4-14中，σ_c代表对这个点的影响因子，为数据点q_i的距离与相邻点距离之间的比值，点云平滑效果的优良程度随着σ_c值的增大而增加，σ_c值越大特征保留就越弱。σ_s表示特征域权重，是数据点q_i到相邻点的距离向量，沿着此点法向量$\vec{n}$上的投影。

四、火龙果点云平滑

通过对上述几种方法进行比较分析，采用双边滤波因子法对火龙果点云数据进行平滑处理。彩图4-2给出了点云平滑前后的对比效果图。

第五章 点云数据精简

FastScan三维激光扫描仪扫描精度高，获得的目标物点云数据量也很大，数据点往往高达几万、几十万甚至上百万的规模，然而采用过多的数据点进行曲面重构，不仅占用大量的计算机资源，降低运算速度，同时过于密集的点云会影响重构曲面的光顺性。

点云数据精简是三维点云数据预处理中不可或缺的一环，点云数据的密度与重构模型的质量不成正比。点云数据中包含部分重合数据等无用点云，这部分数据量占总体点云数据量的很大一部分比重，因此在对点云数据进行曲面重构之前要对点云数据进行精简操作。

第一节 点云数据精简原则与分类

一、点云数据精简原则

一般情况下，三维扫描仪采集到的点云数据十分复杂，在遵循一定原则的基础上，对重要数据进行保留、无关数据进行简化或剔除的过程叫做点云数据精简。因为点云数据类型多种多样，因此与之相对应的精简方法也有所不同，具体的精简原则包括对精简精度、程度和速度的要求。

1. 简化精度要求

要求点云数据在精简之后，其还原曲面的模型应尽量与原始点云曲面的模型相吻合，不应该出现较大的偏差。

2. 简化程度要求

在点云数据精简过程中，应该尽量删除多余的数据点，因为如果删除的点数太少，就达不到点云数据精简的目的，但是也不能删除太多的数据点，因为删除过多的数据点，就会导致模型几何特征的丢失以及模型的不完整。所以，在实际点云数据精简过程中，应根据点云数据分布的实际情况选择适合的精简比例。

3. 简化速度要求

在满足简化精度和程度要求的前提下，应该使点云数据简化算法的运行速度越快越好，因为当简化速度太慢会影响后续处理的进行，进而影响到模型重建过程的效率。

二、点云数据精简分类

想要对点云数据进行精简分类，首先要了解三维激光扫描仪采集到的点云数据特性，对于密集散乱的点云数据来说，在精简前要完成的首要步骤就是建立散乱点云间的拓扑连接，才可以继续进行下一步精简操作。

国内外学者对空间散乱点云数据的精简操作主要分为两大类：一类是根据拓扑关系进行点云数据精简，另一类是根据点云数据特征信息选取特征点进行数据精简。

1. 基于拓扑关系的点云数据精简

根据拓扑关系进行点云数据精简的操作过程是将散乱点云

数据中的点和点组建成三角网格拓扑结构，在整个区域内，几乎不发生改变的三角结构被组合后合并，与其有关联的三角网格顶点则被剔除，点云数据精简完成。点云数据当中出现的噪声点会对构造的三角网格造成干扰，并且此方法操作烦琐，需要大量的计算及储存空间存储数据，利用精简后的点云数据和原始点云数据对比，发现精简重建后的曲面模型与原始点云曲面吻合程度不高。

2. 基于特征点的点云数据精简

根据点云数据特征信息选取特征点进行数据简化，点云数据拓扑关系的建立依据是点与点之间的空间结构，每个数据点连起来后会对应不同的特征信息，根据提供的信息来对散乱点云进行精简。这种方法操作简单，并且不需要花费大量的时间精力计算，无需过多的储存空间，因此，其精简效率相对于基于拓扑关系的点云数据精简更高。

第二节　点云数据精简方法

常用的点云精简方法有基于曲率的精简方法、基于平均点距的精简方法和基于随机采样的精简方法等。

一、曲率精简法

该方法对点云数据进行曲率估计，设立曲率阈值，精简掉曲率值小于阈值的点，精简的结果在模型曲面较平坦区域保留较少的点，在曲面弯曲较大的区域保留较多的点，此方法能够在一定程度上保留点云的特征点。

首先建立点云的K邻近关系，在测量点的邻域内拟合曲面，然后在曲面上搜索特征点，利用特征点曲率分布规律判定搜索方向，沿着搜索方向继续搜寻其他点，最后根据搜索结果确定每个点邻域特征点分布情况，并根据分布情况对点云进行保留与简化。该方法根据物体形状尽可能多地保留了特征区域的数据，克服了数据表面曲率变化大对实物反求造成的影响，同时又避免了对所有测量点的曲面拟合运算，运算效率显著提高。

1. 拟合点云领域曲面

由于散乱点云没有任何拓扑关系，测量点的邻近点集搜寻一般是在全局进行。但是点云数据量巨大，如果每个测量点的邻近点都要在整个点云范围内进行遍历搜寻，势必会严重影响效率。

本书采用包围盒法建立点云数据的k邻近关系。首先找到点云中最大、最小的X、Y、Z坐标值，以此建立表面平行于坐标平面的空间六面体为点云的空间包围盒，然后根据点云分布密度设定栅格边长L，将点云数据的包围盒沿坐标轴方向按等间隔L划分成若干空间六面体栅格，最后将点云数据根据X、Y、Z坐标值的不同放到相应的栅格中，以此建立散乱点云的空间拓扑关系。每个数据点的k邻近就可以由其所在栅格及其邻近的上、下、左、右、前、后共27个立方体栅格中查找，从而建立每个测量点的k邻近关系。

各个测量点的k邻近关系建立后，就可以在每个测量点的邻域内拟合局部曲面从而开始特征点的搜寻。二次曲面拟合是常用的拟合方法，为此必须首先建立局部邻域点的参数化坐标体系。由于邻域点是散乱分布的，没有一定的排列模式，因此可以采取一种简单的点云参数化方法。首先建立测量点P的邻域切平面M，切平面M的计算采用最小二乘法原理，然后将测量点P的邻域点投影到对应的切平面M上，设P的投影点为A，P的邻域点为P_i（$i=1$，2，3，…），P_i对应的投影点为A_i（$i=1$，2，3，…），选取测量点P点的投影点A作为坐标原点，连接A与离A最远的投影点作为u方向。再连接A与其他投影点A_i建立矢量S_i（$i=1$，2，3，…），将S_i向u方向投影，投影的距离d_i（$i=1$，2，3，…）就作为投影点在u方向的坐标值。在切平面M上将垂直于u方向的直线定义为v方向，采取同样的方法，获得投影点的v坐标，从而实现了测量点邻域内的局部点云参数化，如图5-1所示。依据文献拟合局部曲面并计算其主曲率、平均曲率、高斯曲率值。

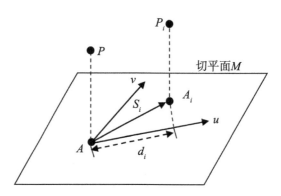

图5-1 测量点P领域点云参数化

（来源：代星，2009）

2. 特征点提取

反求过程中，一般将曲率极值点作为形状的特征点。曲率极值点的2个主曲率（K_1和K_2）中任何一个沿着对应的主方向上为极值，曲率极值点一般呈线、面出现，如果找到一个，在其邻域内一般不难发现其他点。高斯曲率极值点是两个主曲率的极值

点，是曲率极值点的特殊情况，所以采用边拟合局部二次曲面边
搜索的方法，搜索高斯曲率极值点。接下来以采集到的高斯曲率
极值点为起点搜索曲率极值点，为便于后续的点云简化，结合文
献采用一种简单的曲率极值点搜索法则。该法则以某一高斯曲率
极值点p作为搜索起点，首先计算点p的平均曲率值从而确定搜索
方向，例如，沿着最小曲率方向进行搜索，以p为起点，沿最小
主曲率方向作一矢量P_0，连接p点与其他邻域点建立矢量p_i（$i=1$，
2，3，…），计算p_i与p_0的夹角，计算结果记为a_i（$i=1$，2，
3，…），再计算p_i的模，计算结果记为b_i（$i=1$，2，3，…），结
合a_i与b_i通过设定相应的权值，将偏离搜索点和主方向较远的点排
除掉，剩下的点作为特征候选点，并按偏离的程度从小到大进行
排列，存入链表$mmin$，如图5-2所示。

从链表$mmin$的最后一个候选特征点C开始进行特征点判断，
如果能沿最小主曲率方向上找到左右两个邻近点C_1、C_r，使得K_2
（C）<K_2（C_1），K_2（C）<K_2（C_r），则说明候选点C为特征点，
如图5-3所示。

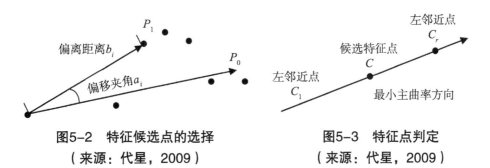

图5-2　特征候选点的选择　　　　图5-3　特征点判定
（来源：代星，2009）　　　　　　（来源：代星，2009）

从$mmin$中将C取出存入链表$m3$中，以C为起始点进行最小主
曲率方向的曲率极值点搜索，先寻找候选特征点存入$mmin$，再从

候选特征点中寻找特征点存入链表$m3$，直至搜索结束。沿最大主曲率方向的搜索方法与沿最小主曲率方向搜索的方法相同，只是最后将候选特征点存入链表$mmax$，特征点依然存入链表$m3$。进行特征点判断时，如果能沿最大主曲率方向上找到左右两个邻近点C_1、C_r，使得$K_1(C) < K_1(C_1)$，$K_1(C) < K_1(C_r)$，则C为特征点。当整个搜索结束时对链表$mmin$中的候选特征点进行最小主率方向的特征点判断，对链表$mmax$中的候选特征点进行最大主曲率方向上的特征点判断，将判断为特征点的从原链表中取出放入链表$m3$中。整个搜索过程大致如图5-4所示。

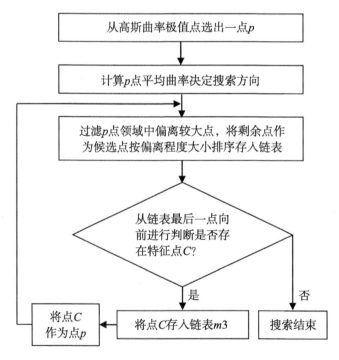

图5-4 曲率极值点搜索
（来源：代星，2009）

3. 点云精简

为了在点云精简过程中尽可能多地保留特征区数据，将数据点分割为4类。按照对点云整体形状的影响程度从大到小排列，将这4类数据点分别用名称R_1、R_2、R_3、R_4进行标记。对于链表$m3$中的点，即特征区域的特征点，属于影响程度最大的一类，标记为R_1；对于链表$mmin$及链表$mmax$中的点，即特征区域附近的候选特征点，影响程度比较大，但相对于特征点则次之，标记为R_2；对于候选特征点的邻域点（邻域点中除去已经标记过的点），影响程度再次，标记为R_3；对于其他剩下的点，影响程度较弱，标记为R_4。对所有点进行标记后，就可以统计出单个点的邻域内不同标记点所占的份额大小，以此为根据确定简化密度Densitycancel，其计算公式见式（5-1）。

$$\text{Densitycancel} = (\lambda_1 \times nR_1 + \lambda2 \times nR_2 + \lambda3 \times nR_3 + \lambda4 \times nR_4) / (nR_1 + nR_2 + nR_3 + nR_4) \quad （5-1）$$

式中，nR_1、nR_2、nR_3、nR_4为某点领域内分别标记R_1、R_2、R_3、R_4的数据点的数量，$\lambda1$、$\lambda2$、$\lambda3$、$\lambda4$分别为R_1、R_2、R_3、R_4 4类点的权重系数，权重系数根据4类点的影响程度大小设置，范围为$0 \sim 1$，$\lambda1$、$\lambda2$、$\lambda3$、$\lambda4$一般分别设置为1、0.9、0.8、0.6。以此计算所得到的Densitycancel值的大小就反映单个点邻域内特征点所占比率的高低情况，然后设定简化距离阈值Canceldist见式（5-2）。

$$\text{Canceldist} = \text{Originaldist} / \text{Densitycancel} \quad （5-2）$$

其中Originaldist为初始距离阈值，由于不同点云图形表面状况不一样，所以处理不同实验对象时Originaldist的取值一般是不一样的。Originaldist的确定需要在简化中通过交互，查看简化效果

来进行，一般可以根据点云密度和点云间的最小距离估算出一个
Originaldist，在实验中对其进行上下微调来达到目的。最后计算出
各点邻域的Canceldist，将与各点距离小于Canceldist的邻域点删除
掉。其简化的步骤如下。

（1）空间划分和k近邻计算。

（2）求出每个点k邻域切平面，将其k近邻点向切平面投影并
参数化。

（3）采用边拟合局部曲面边搜索的方式采集特征点。

（4）根据收集到的特征点分布情况，估算出每个点的简化距
离阈值，以此为基础对每个点的邻域点进行简化。

二、平均点距精简法

该方法建立点云数据的均匀方格，通过比较在空间内点与点
之间平均距离值的大小来精简点云，该方法的优点是能够简单、
快捷地精简点云，并且精简后的点云密度较均匀，不足之处在于
精简点云数据量程度越大，点云特征丢失越严重。

任何点云数据精简方法，其最终目的是减少点云密度，而
在有限空间内，点云密度越大，则点与点之间的平均距离值就越
小，因此可以通过比较在有限空间内点与点之间平均距离值大小
的方法判断点云密度大小，从而决定是否需要删除多余数据点。
基于上述原理，有学者提出了一种适用于大量散乱三维数据点云
的精简方法，算法如下。

该方法首先需用户定义采样立方格边长d和欲精简数据点百
分比ϕ两个参数。如图5-5所示，设点P为数据点云中任意一点，
以点P为中心、边长为d的采样立方格内其他数据点点集为$Q=\{Q_i$

（x_i, y_i, z_i），i=1，2，3，…，n}。设点P坐标为P_x、P_y、P_z，则Q_i满足式（5-3）。

$$p_x - \frac{d}{2} \leqslant Qi_x \leqslant p_x + \frac{d}{2}$$

$$p_y - \frac{d}{2} \leqslant Qi_y \leqslant p_y + \frac{d}{2} \qquad （5\text{-}3）$$

$$p_z - \frac{d}{2} \leqslant Qi_z \leqslant p_z + \frac{d}{2}$$

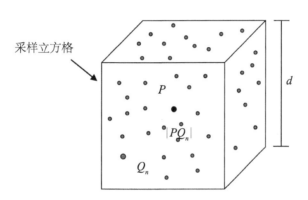

图5-5　平均点距精简法原理
（来源：万军，2004）

分别计算P到点集Q_i内任一点的距离（式5-4）。

$$\left|PQ_1\right| = \sqrt{(P_x - Q_{1x})^2 + (P_y - Q_{1y})^2 + (P_z - Q_{1z})^2}$$

$$\left|PQ_2\right| = \sqrt{(P_x - Q_{2x})^2 + (P_y - Q_{2y})^2 + (P_z - Q_{2z})^2} \qquad （5\text{-}4）$$

……

$$\left|PQ_n\right| = \sqrt{(Px - Q_{nx})^2 + (P_y - Q_{ny})^2 + (P_z - Q_{nz})^2}$$

把距离值相加，见式（5-5）。

$$D = \left|PQ_1\right| + \left|PQ_2\right| + \cdots + \left|PQ_n\right| \qquad （5\text{-}5）$$

求出平均点距值，见式（5-6）。

$$\overline{D} = \frac{D}{n} \qquad\qquad （5-6）$$

对所有数据点实施上述计算，平均点距值 $\overline{D}$ 比较小的点是可能被删除的数据点，根据用户定义的数据精简百分比 φ，把平均点距值最小的百分比个数据点删除，从而实现数据点云的精简。

三、随机采样精简法

这种方法通过设立采样比例参数来随机精简点云，此方法不能保留特征点，当精简掉的数据较多时，会导致大量的细节遗失，但此方法较简单，速度较快。

第三节　火龙果点云精简

为了最大程度地保持火龙果器官三维点云数据的特征信息，分别利用上述3种方法对火龙果器官点云数据进行了精简，结果如彩图5-1所示，其中a为利用曲率精简法精简后的火龙果器官点云数据（精简比例设置为10%），b为利用平均点距精简法精简后的点云数据（平均距离阈值设置为3mm），c为采用随机采样精简法精简后的点云数据（精简比例设置为10%）。结果表明，曲率精简法能够很好地保留火龙果器官点云的特征信息，因此选用曲率精简法对火龙果器官点云数据进行精简处理。

第六章　点云数据网格化

　　由点云数据重构目标物体三维模型是点云处理的关键内容，也是最重要和最关键的问题之一。目前，常用的散乱点云数据重构三维模型方法主要包括3种。第1种是基于参数描述的模型重构，该方法利用参变量函数显式地描述模型点集的坐标值。这类方法主要通过拟合，求出最能够接近模型参数曲面的参数。第2种方法是基于隐式曲面的模型重构，这种方法的基本原理是，利用基于参数描述的势能场标量函数的等值面来描述一个模型。第3种方法是基于计算几何的三角剖分，这种构造方法运用约束构造三维点之间的拓扑结构，对这些三维点进行三角划分。笔者采用第3种方法对预处理后的火龙果器官点云数据进行三角网络化，重构火龙果器官的三维模型。

第一节　点云三角网格化

　　三角形网格能够表示任意拓扑结构、任意形状的几何物体，并且有利于计算机的存储、分析、计算和绘制。因此，三角形网格已成为模型重建中的主流曲面描述方式并得到了许多几何造型软件的支持，广泛应用于反求工程中。

对点云数据进行去噪、平滑和精简后，就要对点云数据进行三角网格化，三角网格化是在确保模型完整性的前提下，将点云模型表面划分为大量三角形。离散点的三角剖分基于将每个点连接为三角形的特定规则，图6-1为离散点三角剖分的二维表示。

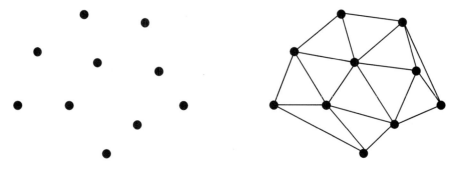

图6-1 二维空间三角剖分示意
（来源：高寒，2018）

针对点云数据的三角剖分方法主要有区域增长法、局部Delaunay三角剖分法和三维Delaunay三角剖分法。

一、区域增长法

区域增长法被广泛应用于点云三角剖分中，其中比较经典的是Ball Pivoting算法。该算法开始必须定义球的半径r，接着球从种子三角形的边缘滚动直至到达下一个点，没有另外的点存在于球中，然后将该点与旋转轴结合成为三角形。重复上述过程，直到访问了所有边缘，如果还有一点没有被访问，则再次从未访问的点中选择种子三角形并重复上述过程。当球滚过所有点后，才算是完成整个点云的完整网格化。

虽然这种方法的三角网格化效率很高，并且网格化效果也较好，但是其中包括了散乱点云的法向量算法和预先定义球的半径。

二、局部Delaunay三角剖分法

局部Delaunay三角剖分法是根据二维空间中的Delaunay三角剖分法，间接的进行三角剖分的方法。其划分原理是对不规则的点云数据，在切平面上进行二维Delaunay三角剖分，接着通过获得的局部空间拓扑关系反映回三维空间里面，将形成的所有拓扑空间关系形成一个完整的三角网格。针对局部Delaunay三角剖分的方法如下。

（1）估计切平面。在点云数据中的任意一点p凭借它的k个邻近点，通过最小二乘法计算出p的估计切平面。

（2）二维Delaunay三角剖分法。将点云模型里面的各个点与它的k近邻投影到对应切平面上，通过二维Delaunay三角剖分法建立点与点之间的拓扑关系，最后将建立好的拓扑关系映射回三维空间里面，就形成了点云的局部三角网格划分。

（3）网格拼接。最后把每个局部三角网格连接成完整的三角网格，连接时需要对不满足条件的三角网格进行分离和删除，最后建立最优的点云Delaunay网格。

三、三维Delaunay三角剖分法

在三维空间中，离散点的空间拓扑结构比较复杂，进行三角化也较为困难。在Delaunay三角剖分法中，最重要的是Voronoi图。Voronoi图也叫泰森多边形，它由多个连续多边形组成。多边形的边界由连接的垂直平分线组成，如图6-2所示。

Delaunay三角剖分法就是将Voronoi图中相邻的点连接起来得到许多个三角切平面的过程，对图6-2的Voronoi图进行Delaunay三角剖分的结果如图6-3所示。

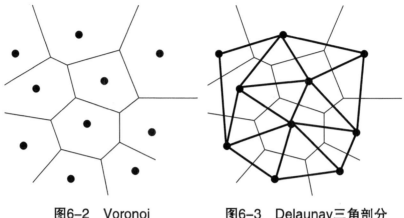

图6-2　Voronoi
（来源：高寒，2018）

图6-3　Delaunay三角剖分
（来源：高寒，2018）

三维Delaunay三角剖分法中，经典算法包括Power Crust算法、逐点插入的Lawson算法和Bowyer-Watson算法。

Power Crust算法可以较为合适的处理点云数据中的孔洞和噪声问题，可是由于耗费大量的时间导致效率很低，难以处理大规模的散乱点云模型。

逐点插入的Lawson算法在对大量点云数据进行网格化的处理时间较长，而且易形成非法三角形。

Bowyer-Watson算法在散乱点云三角化网格化方面应用较多，因为此方法计算效率比较高，而且插入点只影响临近三角形。Bowyer-Watson算法首先需要对点云数据建造一个初始三角形，然后依次在这个初始三角形中插入新的点，直至最后整个点集为空集结束。这种方法需要建立一个内部包含所有点的巨大三角形，接着依序把新的点插入其中，每当插入新的点，需要搜索外接圆内点位于的三角形，之后把这些三角形自列队中去除就形成了多边形空腔，又叫Delaunay空腔，最后把Delaunay空腔和插入的点连接在一起，就形成了新的三角形。

Bowyer-Watson算法对点云进行三角网格化的优点有以下3点。

（1）在插入新的点时，都要对Delaunay三角网格进行局部调整，所以这个方法可以保证其三角化的局部最优。

（2）该方法计算效率比较高，因为只影响与之相邻的三角形。

（3）不用从特定位置开始，每一个位置都可以构造出一样的三角网格。

综上所述，Bowyer-Watson算法最适合对火龙果器官点云数据进行三角剖分，所以在处理火龙果器官点云数据时采用Bowyer-Watson算法对其进行三角网格化。

第二节　火龙果器官网格化

利用Bowyer-Watson算法对火龙果器官点云数据进行网格化的流程如图6-4所示。通过图6-4，可以得到火龙果器官点云网格化计算过程如下。

（1）构建初始三角形。对于给定的点集，把包含这个点的矩形进行对角连线，分割成的两个三角形便可成为Delaunay三角剖分的初始三角形。

（2）把数据点p放入已经建立的三角网格里面，在p所在三角形区域里寻找邻近三角形，再对其空外接圆检测处理，去除含有点p的所有三角形，此时就形成了包含点p的Delaunay空腔，最后把点p和空腔中的所有数据点相连，成为新的Delaunay三角网格。

（3）最后插入所有的点之后结束点云网格化。

运用Bowyer-Watson算法进行点云网格化时，在插入新点时要

定位其所处的三角形，接着对邻近三角形进行调整，插入新点的
过程如图6-5所示。

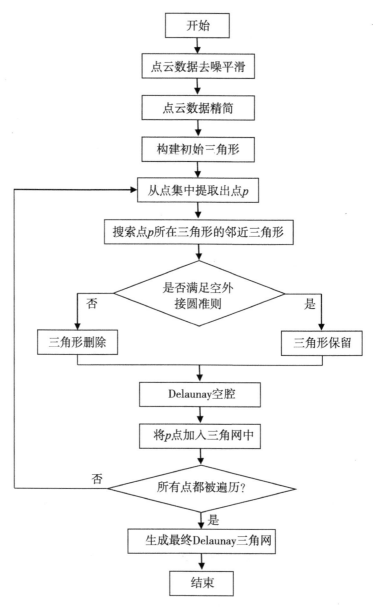

图6-4 Bowyer-Watson算法网格化流程
（来源：高寒，2018）

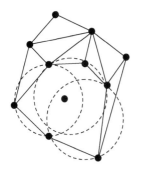 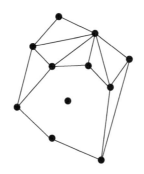 

图6-5　Delaunay三角剖分过程

（来源：高寒，2018）

　　运用Bowyer-Watson算法对火龙果器官点云数据进行三角网格化，效果如彩图6-1所示。

　　将经过去噪、平滑、精简及网格化处理后的火龙果器官点云数据保存为.obj格式，以备下一步使用。

第七章　火龙果植株三维模型

目前，商业化的三维建模软件已经得到广泛应用，比如3DS Max、Maya、Rhino、Google Sketchup及LightWave 3D等，其中功能强大且容易上手的3DS Max应用最为广泛。

第一节　器官三维模型

一、软件概述

3DS Max，全称3DStudio Max，是由美国Autodesk公司开发的一款基于矢量的三维建模、渲染和动画制作软件，它主要是运用计算机图形生成和处理技术模仿真实现象，建立具体模型，可以制作出非常逼真的三维实体及动画，它具有功能强大、应用广泛及易学易用等特点，是全球使用人数最多的三维设计软件之一。

3DS Max提供了强大的多边形建模组件及动画制作工具，可以精细刻画物体的任何细节，使得建模过程更加直观和简便（图7-1）。另外，3DS Max还提供了广泛的扩展插件，使其在各方面功能更加完善，在建筑、计算机游戏设计与开发、动画制作中发挥重要作用。

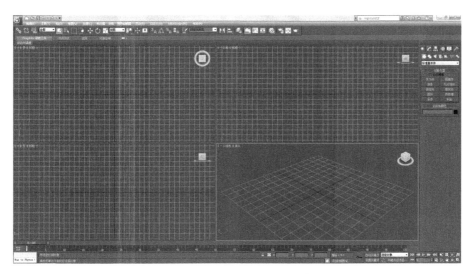

图7-1　3DS Max 2012的用户界面

二、器官三维建模

1.建模流程

　　将火龙果器官点云数据导入3DS Max中进行优化处理，结合火龙果器官形态特征，从不同侧面模拟火龙果器官的生长形态。同时运用颜色渲染、材质贴图及光照处理等技术对火龙果器官模型进行真实感增强处理，结合3DS Max的平移、旋转及缩放等空间变换功能，按照火龙果植株拓扑结构将各器官进行合理组合，向用户展示一个完整的火龙果植株三维形态模型，实现火龙果植株三维可视化（图7-2）。通过对火龙果植株三维可视化和研究与实现，使人们对火龙果形态特征有一个清晰认识，同时让读者了解3DS Max建模技术在植物三维可视化领域的应用。

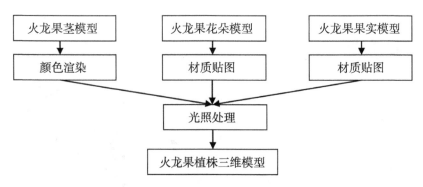

图7-2　火龙果植株三维建模流程

2. 模型优化

将经过数据去噪、平滑、精简和网格化处理后的火龙果植株器官点云数据导入到3DS Max 2012中，进行进一步的编辑。

首先，将导入的点云模型生成可编辑网格，对模型边缘的一些点进行编辑，封闭一些软件无法自动闭合的漏洞，使模型效果更加逼真（彩图7-1）。

其次，通过对器官模型添加修改器，抚平器官表面的褶皱、凸起及冒泡等异常，以及封闭器官表面的漏洞（彩图7-2）。

最后，对器官模型进行优化处理，在保证器官外观效果的前提下，减少模型顶点和三角面元数（表7-1），生成火龙果三维几何模型，为实现火龙果三维可视化奠定基础（彩图7-3）。

表7-1　火龙果器官三维几何模型优化前后面数和点数对比

器官模型	面数（Polys）		点数（Verts）	
	优化前	优化后	优化前	优化后
果实	44 448	17 164	22 226	8 584
茎干	11 156	3 876	5 580	1 940
花朵	87 620	35 458	43 916	20 547

由3DS Max 2012生成的火龙果器官三维模型如彩图7-4所示。

第二节　真实感增强处理

真实感图形绘制是指通过一定技术实现虚拟生成与实际物体一样真实的图形。为了使构建的火龙果器官模型更加真实、生动，需要对其进行真实感增强处理，常见的真实感处理技术包括颜色渲染、材质贴图以及光照处理等。

一、颜色渲染

3DS Max 2012中的颜色编辑是通过材质编辑器实现的（图7-3）。通过材质编辑器给器官模型添加一个标准材质，编辑标准材质Blinn基本参数中的漫反射选项（图7-4）。3DS Max 2012颜色编辑器中的颜色是用红、绿和蓝三色索引表中的颜色索引值（0～255）表示，指定颜色后还可以通过调节色调、饱和度和亮度的索引值，对颜色进一步调整，使模型的颜色更加逼真。

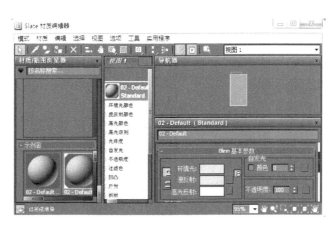

图7-3　材质编辑器对话框

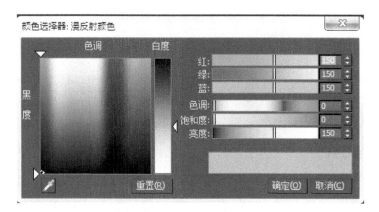

图7-4　漫反射颜色对话框

火龙果茎三维形态结构比较简单，正常生长的茎都呈现绿色。因此通过简单的颜色渲染就可以生成形象逼真的火龙果茎三维模型。

首先，从火龙果茎的数码相片中提取出茎RGB索引值及色调、饱和度和亮度值。

其次，调整3DS Max 2012中材质编辑器——漫反射颜色对话框中的RGB索引、色调、饱和度和亮度值，使其与数码相片提取值一致。

最后，将设定好的材质赋予给火龙果茎干三维模型，如彩图7-5所示。

二、材质贴图

材质即模型的质感，是三维世界的一个重要概念，就是给模型赋予真实的表面特性。贴图是指把二维图片通过软件计算贴到三维模型上，形成表面细节和结构。实际上，在三维创作中，最能体现一个软件水平的地方应该是其对造型渲染能力的体现，也就是能够让复杂的造型更接近于真实物体。通过贴图则使对象表面具有纹理特征。在3DS Max 2012里可以观察材质的先期缩放效果，材质球的个数和样式都可以调节，样本球默认的是3×2，即有6个灰色的样本小球，小球代表物体。还有5×3和6×4的分布样式，样本球的多少根据当前模型的复杂程度来决定。

真实的火龙果器官（花朵和果实）表面存在着丰富的纹理细节，用3DS Max 2012生成火龙果器官模型时，为了使生成的模型具有真实感，除了颜色渲染外，还需要对模型进行表面纹理细节的模拟，即材质贴图（图7-5）。

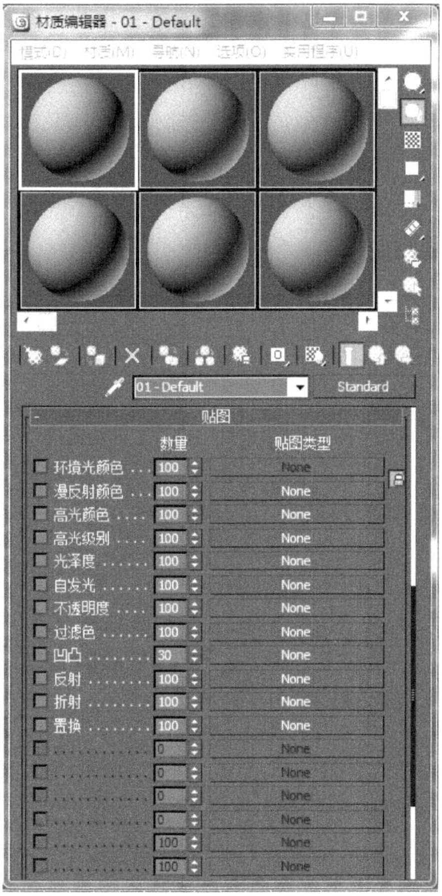

利用采集到的不同生长时期的火龙果花朵和果实真实照片制作材质贴图，效果自然真实。材质贴图制作步骤如下。

首先选取一张合适角度的照片，在Photoshop软件中使用裁切工具，选取可用范围并且纠正贴图的透视关系。

其次使用选取及印章工具，复制旁边的贴图粘贴遮盖住需要修掉和无法识别的部分，补充使之完整。

图7-5 纹理贴图对话框

最后需要调整整张贴图的对比度、亮度、色相、饱和度以及光影关系。

材质贴图使用Tif文件格式，贴图长宽方向必须符合2的幂次

77

方，如32×32、64×64等。将生成的材质贴图赋予火龙果三维模型后，还需要细致地调整贴图坐标。可采用UVW Map和Unwrao UVW工具进行调节（彩图7-6）。

三、光照处理

要想使火龙果器官三维模型更加自然、立体，就必须借助3DS Max 2012中提供的灯光效果。灯光的主要作用就在于场景中的一切效果都需要光的漫反射或反射等，如若不然，根本看不到场景中的各种材质。3DS Max 2012使用的光照方程是一种近似算法，但与实际情况很接近。自然情况下火龙果生长时的光源来自太阳，所以笔者选用VRay光源中的VR太阳模拟真实太阳光，通过修改混浊度、强度倍增、阴影细分及偏移等参数，使光照效果更加真实（图7-6）。

彩图7-7为火龙果茎、花朵和果实三维模型进行光照处理前后的对比。经过光照处理后，火龙果器官模型显得更加真实。

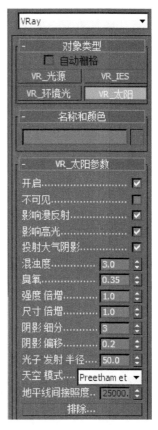

图7-6 光照处理对话框

第三节 火龙果植株的组合

火龙果植株的三维形态是由器官数量、空间形态及拓扑结构所决定。

78

一、3DS Max 2012变换功能

在3DS Max 2012的主工具栏中提供了很多变换操作的工具，其中最常用的变换工具有3组，分别为：■ "选择并移动"、○ "选择并旋转"、■ "选择并均匀缩放"（"选择并非均匀缩放""选择并挤压"）。利用这些工具，可以改变模型在场景中的位置、方向和体积大小。这些工具是日常操作中最常使用到的，它们除了可以对对象执行操作外，还具有选择对象的功能。

二、火龙果器官的组合

在对火龙果茎、花朵和果实三维模型进行颜色渲染、材质贴图和光照处理后，生成形态逼真的火龙果器官三维模型，在此基础上结合3DS Max 2012的平移、旋转及缩放等空间变换功能，按照火龙果植株拓扑结构将各器官进行合理组合，从而实现火龙果植株的可视化（彩图7-8）。

由彩图7-8可以看出，不同生长时期火龙果植株三维形态模拟基本上符合火龙果的形态特征。

第八章　火龙果三维可视化系统

第一节　系统开发环境

火龙果三维可视化系统是在Windows 7系统和Visual Studio 2012平台下，应用WinForm（Windows Form）框架，结合OpenGL（Open Graphics Library，开放性图形库）三维图形库技术进行开发的。其中WinForm主要用于实现系统框架以及窗口界面的设计，OpenGL主要实现对火龙果植株模型的三维可视化显示。由于本系统要对三维模型进行渲染计算及实时显示，因此对电脑CPU、内存和显卡有一定的要求。本系统推荐的运行配置需求为2.8G以上CPU、1G以上内存以及128M显存的显卡。

一、Microsoft Visual Studio

Microsoft Visual Studio是微软公司推出的开发环境，可以用来创建Windows平台下的Windows应用程序和网络应用程序，也可以用来创建网络服务、智能设备应用程序和Office插件，是Windows环境下最流行的应用程序开发工具之一，具有易于操作、高效、功能强大等特点。

二、OpenGL开发包

1. OpenGL简介

OpenGL（Open Graphics Library，开放性图形库）是SGI公司推出的一个性能优越的应用程序编程接口，是该公司基于其IRIS GL图形软件接口基础上开发出来的，是国际上通用的开放式三维图形标准。从本质上说，它是一个图形和模型库，具有高度的可移植性，并且具有非常快的渲染速度。主要用以绘制三维场景中的图形元素和实现场景的交互，广泛应用于游戏、地理信息、医学影像和植物模拟等领域，是高性能图形和交互性场景处理的标准工具。

OpenGL并不是一种编程语言，它更像一个运行时的函数库。它提供了一些预包装的功能，帮助开发人员编写功能强大的三维图形应用程序。OpenGL可以在多种操作平台上运行，例如各种版本的Windows、UNI/linux、Mac OS和OS/2等。

OpenGL作为一个高性能的图形开发软件包，包含了100多个图形操作函数。开发者可以利用这一图形硬件的软件接口构造景物模型，进行三维图形交互软件的开发。现今常用的编程语言都可以调用OpenGL中的函数库进行开发。

2. OpenGL特点

OpenGL在虚拟显示领域里得到广泛的应用是建立在其自身特点的基础上，它主要有以下几个特点。

（1）移植性。OpenGL最大的特点就是其强大的移植性，该特点使OpenGL在各种类型计算机上都可以使用，不管你的计算机是何种操作系统，它甚至可以在网络环境中以服务器模式进行工作。

（2）扩展性。OpenGL是一个低级的图形包，并不能直接对场景进行描述，但其有着较好的扩展机制，厂商可以针对硬件的不同功能来开发OpenGL扩展，那么软件设计者就可以通过这个新的扩展达到使用硬件新功能的目的。

（3）稳定性。早在二十几年前，OpenGL就已经成为一个工业标准。经过十几年的不断发展，OpenGL的各种功能不仅得到了完善，稳定性也得到了极大地提高。

（4）兼容性。OpenGL每次版本的更新，都做到了向下兼容，这就保证了老版本开发的程序，新版本同样能够使用。

（5）易用性。OpenGL的结构与其他编程语言大同小异，可以调用一些基本的函数进行编写。

3. OpenGL功能

OpenGL无疑是三维可视化开发的不二选择，它的强大功能也在开发过程中逐一被应用。OpenGL主要有以下7个功能。

（1）模型绘制。OpenGL中提供了多种绘制模型的方法，可以通过对OpenGL的操作，制作较为复杂的模型。

（2）模型颜色指定。OpenGL提供了模型颜色的设置函数，可以通过RGB和索引两种模式来对模型进行颜色指定，产生绚丽多彩的虚拟世界。

（3）视角变换。OpenGL图形库通过提供一系列坐标的变换达到视角变换的目的，方便用户从不同视角观察所建的模型。同时提供剪切功能，方便裁截不需要的部分，减轻计算机的运算负担，提高系统运行速度。

（4）光照技术。OpenGL为了使模型最大限度地模拟现实，提供了管理多种光照类型的方法，并通过指定模型表面的反射属性，来达到模拟现实物体物理属性的目的。

（5）纹理映射。OpenGL有不同的纹理映射方式，可以十分逼真地再现真实物体的表面细节。

（6）反走样。OpenGL中使用的是位图，由于分辨率的关系会在边缘产生锯齿，致使建立的虚拟世界精细度不够。因此，OpenGL提供了抗锯齿的方式——反走样技术来消除这些不足的地方。

（7）双缓存动画。OpenGL提供的双缓存技术，可以有效地利用资源，提高计算机运算速度，实现动画绘制。

除上述7个功能外，OpenGL还提供了大量的函数库和实用工具包，方便用户在制作过程中调用。

4. OpenGL工作流程

OpenGL中数据处理有一个基本的过程，其基本工作流程可用图8-1来表示。由于OpenGL不能直接对模型进行描述，所以需要将模型通过数学描述的方法进行处理。在图8-1中，顶点数据是用于描述模型的顶点集、线集、多边形集等。在这个过程中如果模型比较简单，那可以利用少量的函数完成这个过程，但是如果遇到了较为复杂的模型，在重复利用函数的过程中，会导致计算机资源的浪费，所以可以建立一个显示列表，类似于打包的方式，将需要重复利用的函数加载到显示列表中。然后再经过运算器的操作，将前面的顶点数据通过坐标、纹理矩阵等变换，针对不同类型部件进行不同方式的装配，最后进行光栅化处理，放入到帧缓冲区当中。

像素数据则涵盖了像素集、位图集、影像集等，它们跟顶点数据一样，可以放在显示列表当中，以减轻计算机的负担。处理流程跟顶点数据大同小异，也是将读入的像素数据进行一系列的操作，如放大、偏移等，然后通过压缩将其返回处理器内存。这些数据经过光栅化处理后被放入到帧缓冲区等待图像的实现。

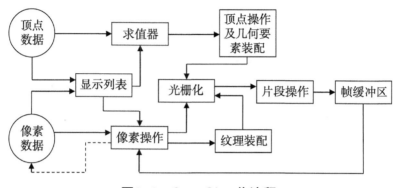

图8-1　OpenGL工作流程
（来源：孙智慧，2012）

第二节　系统功能设计

火龙果三维可视化系统是一个功能软件系统，其主要功能是火龙果植株个体的多角度可视化展示。系统由人机交互、属性显示及三维可视化模块构成，如图8-2所示。

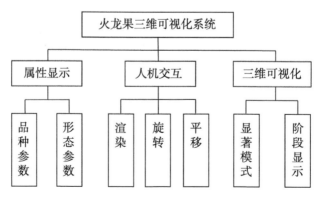

图8-2　火龙果三维可视化系统功能设计

一、人机交互

系统以Windows为界面，通过进度条、勾选框等与用户进行交互，整个操作只要通过简单的鼠标点按即可完成。可以调节火龙果植株三维模型的视觉角度和渲染效果。

二、属性显示

根据用户交互动作，实时显示火龙果植株三维模型的品种和形态参数，包括品种、生育期、株高、开花数及结果数等。

三、三维可视化

采用OpenGL中的矩阵变换、矩阵堆栈及光照处理技术，通过旋转、平移等操作，及时响应用户交互动作，实时显示不同生育时期火龙果植株形象、逼真的三维模型。

第三节　系统程序设计

以Visual Studio 2012为开发平台，利用OpenGL核心库函数和应用程序库函数，以在3DS Max 2012中构建的火龙果器官三维模型为基础图元，构成器官子结构库，所有的图元都是以类来封装。分别建立了整体操作类、茎模拟类、花朵模拟类和果实模拟类等。类的具体定义如下。

一、整体操作类

主要完成各器官绘制函数的调用，具体定义如下。

Class CPlant Organ：public CObeject   //整体操作类

{

 Pulic：

  void PlantBranch（）；　　　　　//绘制茎

  void PlantFlower（）；　　　　　//绘制花朵

  void PlantFruit（）；　　　　//绘制果实

  void SetOranMaterial（）；　　　　//定义纹理

  CPlant Organ（）；　　　　//构造函数

  Virtual ~ CPlantOrgan（）；　　　　　//析构函数

  ……

}

二、茎模拟类

定义了火龙果茎的相关参数，包括茎的方向、长度、起点、直径以及着生在茎上的花朵和果实等相关信息，具体定义如下。

Class Branch（）　　　　//定义茎

{

 Public：

  Float BDireation[3];　　　　//茎方向

  Float Length;　　　//茎长度

  Float Radius;　　　//茎直径

  Float Origin[3];　　　//茎起点

  Leaf FL；　　//茎上的花朵

  Fruit FR；　　//茎上的果实

  ……

}

三、花朵模拟类

主要用来绘制花朵，包括花朵方向、花朵大小、花朵与茎的夹角、花朵起始平面的法线方向等信息，具体定义如下。

```
Class Flower（）          //定义花朵
{
  Public：
    float FLDirection[3]；          //花朵方向
    float FLSize（）；          //花朵大小
    float FLAngle（）；           //花朵与茎夹角
    float LNormal Direction[3]；     //花朵起始平面的法线方向
    ……
}
```

四、果实模拟类

主要用来绘制果实，包括果实方向、果实起点、果实长度及直径等信息，具体定义如下。

```
Class Fruit        //定义果实
{
  Pulic：
    Float FDirection[3]；               //果实方向
    Float FOrigin[3]；           //果实起点
    Float FRadius；           //果实直径
    Float FLength；           //果实长度
    ……
}
```

第四节　系统功能展示

一、系统界面介绍

打开软件即进入系统主页面，如彩图8-1所示。

主界面分为两个区域：左边的操作区和右边的模型显示区。

1. 操作区

操作区位于系统主界面的左侧，如图8-3所示，包括属性显示、操作和控制3栏。属性显示栏主要显示火龙果的品种、生育期、株高等基本属性；操作栏主要是控制三维模型阴影，光照以及旋转、平移等；控制栏主要控制火龙果不同生长时期三维模型的切换。

图8-3　系统操作区

2. 模型显示区

显示区位于系统主界面的右侧，如图8-4所示。主要功能是展示对应操作区的火龙果植株三维模型。

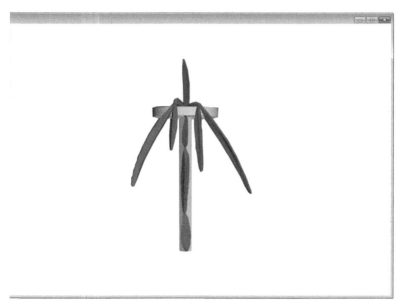

图8-4　模型显示区

二、系统功能展示

1. 全局控制说明

全局控制面板包含5个按钮，对应着5个功能，如图8-5所示。

图8-5　全局控制区功能

（1）全屏。控制着模型显示区的显示模式。当按下该按钮时，显示窗口将全屏显示，按键盘上的ESC可退出全屏模式，返回窗口模式。

（2）上一阶段、下一阶段。两个按钮配合使用可以使火龙果植株三维模型在营养生长期、开花结果期和成熟期3个时期间切换，如彩图8-2所示。

（3）重置。其功能主要是重置模型显示窗口，将经过变换操作的火龙果三维模型返回到初始显示模式。

（4）退出。单击该按钮将退出本系统。

2. 模型控制操作

模型控制包含旋转和平移两种，如图8-6所示。

（1）旋转。旋转操作可以让火龙果模型原地360°旋转，方便用户从各个角度查看模型，如彩图8-3所示。

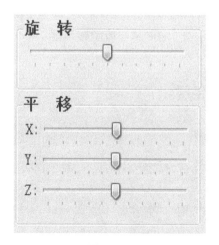

图8-6　模型控制操作区

（2）平移。平移操作可以使模型在X、Y、Z三条轴上移动，方便用户在3个方向不同距离查看模型，如彩图8-4所示。

（3）OpenGL渲染操作。OpenGL控制区包括两个选项，阴影和光照（图8-7）。这两个设置是为了增强火龙果三维模型的真实感，使模型看起来更加形象逼真。如果用户想要显示阴影效果，首先要勾选光照选项，如彩图8-5所示。

图8-7　OpenGL设置区

在火龙果植株三维模型基础上，利用组件化和可视化技术开发火龙果三维可视化系统。该系统初步实现了火龙果生长可视化，可以展示不同生育时期火龙果植株的形态特征，系统还设置了旋转、平移及光照等功能，使用户能够更清楚地观察火龙果形态特征，为构建综合性数字农业平台，促进数字农业和信息农业的发展奠定一定基础。

参考文献

蔡玉鑫，2013. 改进型相位式激光测距方法研究[D]. 长沙：中南大学.

陈纪龙，慈维涛，袁红幸，2014. 基于3DMax技术的胡杨茎生长模拟[J]. 电脑与信息技术，22（2）：18-20.

陈璇，2010. 基于OpenGL的虚拟校园系统的研究与设计[D]. 成都：电子科技大学.

代星，崔汉国，胡怀宇，2009. 基于曲率特征的点云快速简化算法[J]. 计算机应用，29（11）：3 030-3 032.

邓辉，蓝秋萍，廖威，等，2018. 基于法向偏差的隧道点云去噪算法[J]. 测绘工程，27（1）：59-63.

邓旭阳，周淑秋，郭新宇，2004. 基于Cardinal样条插值和三角面片的叶片静态建模[J]. 计算机工程与应用（25）：199-201.

冯恩英，岳延滨，陈沫，2017. 基于点云数据的火龙果三维交互系统的设计与开发[J]. 贵州农业科学，45（10）：148-150.

冯亚飞，陈云波，车勇. 利用3Dmax与三维激光扫描技术生产三维建筑模型的研究与实践[C]. 云南省测绘地理信息学会2016年学术年会论文集. 984-991.

冯奕玺，2020. 火龙果生物学特性、栽培技术及其发展前景[J]. 云南热作科技，25（3）：36，40.

高寒，2018. 基于点云的大豆植株三维重建[D]. 大庆：黑龙江八一农垦大学.

高如新，王俊孟，2014. 双目立体视觉求取三维坐标的方法研究[J]. 计算机仿真，31（10）：296-300.

葛宝臻，项晨，田庆国，等，2012. 基于曲率特征混合分类的高密度点云去噪方法[J]. 纳米技术与精密工程，10（1）：64-67.

耿瑞平，涂序彦，2004. 虚拟植物生长模型[J]. 计算机工程与应用（14）：6-8.

郭焱，李保国，2001. 虚拟植物的研究进展[J]. 科学通报，46（4）：273-280.

郭浩，2011. 基于体素的植物三维重建与构型模拟[D]. 昆明：昆明理工大学.

郭新宇，赵春江，刘洋，等，2007. 基于生长模型的玉米三维可视化研究[J]. 农业工程学报，23（3）：121-125.

郭焱，李保国，1999. 玉米冠层的数学描述与三维重建研究[J]. 应用生态学报（1）：41-43.

郭焱，史同鑫，吴劼，等，2012. 烟草植株静态虚拟模型的研究[J]. 中国烟草学报，18（5）：29-33.

胡包钢，赵星，严红平，等，2001. 植物生长建模与可视化——回顾与展望[J]. 自动化学报，26（6）：816-835.

黄伟，2011. 基于植物生长过程仿真的虚拟植物建模研究[D]. 重庆：重庆大学.

姜如波，2013. 基于三维激光扫描技术的建筑物模型重建[J]. 城市勘测，6（3）：113-116.

李丁，邹自力，2015. 基于包围盒法三维扫描点云数据精简方法比较[J]. 江西测绘（2）：4-7.

李军，2010. 农业信息技术[M]. 北京：科学出版社.

李仁忠，杨曼，冉媛，等，2018. 基于方法库的点云去噪与精简算法[J]. 激光与光电子学进展，55（1）：251-257.

李抒昊，2018. 玉米冠层三维点云处理技术及株型参数计算方法研究[D]. 大庆：黑龙江八一农垦大学.

李树楷，刘彤，尤红建，2000. 机载三维成像系统[J]. 地球信息科学（1）：23-27.

梁周雁，2018. 基于点云的复杂物体曲面重建关键技术研究[D]. 济南：山东科技大学.

刘慧，2008. 基于模型的可视化水稻生长系统研究[D]. 南京：南京农业大学.

刘连斌，于学萍，王萍，等，2011. 火龙果生物学特性及主要病虫害防治技术[J]. 农技服务，28（8）：1 204，1 206.

刘晓东，蒋立华，赵军军，等，2002. 基于Bezier曲线的植物形态建模和显示[J]. 计算机工程与应用（13）：97-98.

刘晓东，罗轶先，郭新宇，等，2004. 基于NURBS曲面的玉米叶生长过程中的形态建模[J]. 计算机工程与应用（14）：201-204.

栾悉道，应龙，谢毓湘，等，2008. 三维建模技术研究进展[J]. 计算机科学，35（2）：208-210.

罗桂娥，2012. 双目立体视觉深度感知与三维重建若干问题研究[D]. 长沙：中南大学.

罗寒，2016. 地面激光扫描三维模型重建技术研究[D]. 南昌：东华理工大学.

吕冰，钟若飞，王嘉楠，2012. 车载移动激光扫描测量产品综述[J]. 测绘与空间地理信息，35（6）：184-187.

吕游，2008. 三维植物建模研究[D]. 武汉：武汉理工大学.

马娟，2013. 基于地面三维激光扫描系统的校园建筑物建模研究[J]. 昆明冶金高等专科学校学报，59（3）：55-59.

马韫韬，郭焱，李保国，等，2006. 应用三维数字化仪对玉米植株叶片方向分布的研究[J]. 作物学报，32（6）：791-798.

潘学标，韩湘玲，董占山，等，1997. 棉花生长发育模拟模型COTGROW的建立：光合作用和干物质生产与分配[J]. 棉花学报，9（3）：132-141.

彭勃，2013. 基于OpenGL的地形与单株林木的三维可视化研究[D]. 哈尔滨：东北林业大学.

石春林，朱艳，曹卫星，2006. 水稻叶片几何参数的模拟分析[J]. 中国农业科学，39（5）：910-915.

石春林，朱艳，曹卫星，2006. 水稻叶曲线特征的机理模型[J]. 作物学报，32（5）：656-660.

苏芳蕊，2011. 小麦群体生长可视化系统的设计与实现[D]. 郑州：河南农业大学.

苏伟，刘睿，闫安，等，2013. 植物三维建模研究现状[J]. 农业网络信息（9）：17-20.

孙智慧，2012. 基于点云数据的植物形态建模方法研究[D]. 北京：首都师范大学.

孙智慧，陆声链，郭新宇，等，2004. 基于点云数据的植物叶片曲面重构方法[J]. 工程图学学报（4）：62-66.

腾龙视觉，2010. 3ds Max 2010从入门到精通[M]. 北京：人民邮电出版社.

田悦，赵萍，李永奎，等，2018. 虚拟植物研究现状与建模方法分析[J]. 江苏农业科学，46（22）：14-19.

万军，鞠鲁粤，2004. 逆向工程中数据点云精简方法研究[J]. 上海大学学报，2（1）：26-29.

王剑，2009. 果树三维枝干重建关键技术研究[D]. 北京：中国农业大学.

王剑，周国民，2008. 利用激光扫描仪获取植物三维模型的方法[J]. 湖北农业科学，47（1）：104-106.

王举才，2012. 夏玉米个体可视化系统的设计与实现[D]. 郑州：河南农业大学.

王丽辉，2011. 三维点云数据处理的技术研究[D]. 北京：北京交通大学.

王仁芳，张三元，2012. 数字几何处理的若干问题研究进展[M]. 北京：清华大学出版社.

王友成，王丽娟，吴文华，2016. 火龙果生物特性及其栽培技术[J]. 农业装备技术，42（1）：40-41.

王宇，马玉华，王彬，2019. 贵州火龙果生态栽培管理技术（一）[J]. 农技服务，36（2）：17-21.

魏学礼，肖伯祥，郭新宇，等，2010. 三维激光扫描技术在植物扫描中的应用分析[J]. 中国农学通报，26（20）：373-377.

肖伯祥，郭新宇，王纪华，等，2007. 玉米叶片形态建模与网格简化算法研究[J]. 中国农业科学，40（4）：693-697.

徐波译，2009. OpenGL编程指南（原书第6版）[M]. 北京：机械工业出版社.

徐其军，2010. 基于模型的水稻根系可视化研究[D]. 南京：南京农业大学.

许允催，2010. 基于器官变形的植物生长建模研究[D]. 重庆：重庆大学.

杨雷，2006. 面向对象方法在图形仿真学中的应用[J]. 科技信息（10S）：6-8.

袁红照，李勇，何方，2009. 三维点云数据获取技术[J]. 安阳师范学院学报（2）：75-79.

展志岗，王一鸣，De Reffye P，等，2001. 冬小麦植株生长的形态构造模型研究[J]. 农业工程学报，17（5）：6-10.

张爱武，胡少兴，孙卫东，等，2005. 基于激光与可见光同步数据的室外场景三维重建[J]. 电子学报，33（5）：810-815.

张浩，2017. 基于点云数据的树木三维几何模型自动重建[D]. 福州：福州大学.

张会霞，2012. 三维激光扫描数据处理理论及应用[M]. 北京：电子工业出版社.

张玲玲，2019. 基于散乱点云的三维植物建模研究[D]. 镇江：江苏大学.

张青蓉，王文永，付宏杰，等，2006. 虚拟植物的构建及在生物学科教学中的应用[J]. 系统仿真学报，18（s2）：964-967.

赵春江，郭新宇，陆声链，2010. 农林植物生长系统虚拟设计与仿真[M]. 北京：科学出版社.

赵春江，陆声链，郭新宇，等，2015. 数字植物研究进行：植物形态结构三维数字化[J]. 中国农业科学，48（17）：3 415-3 428.

赵煦，2010. 基于地面激光扫描点云数据的三维重建方法研究[D]. 武汉：武汉大学.

郑邦友，石利娟，马韫韬，等，2009. 水稻冠层的田间原位三维数字化及虚拟层切法研究[J]. 中国农业科学，42（4）：1 181-1 189.

郑文刚，郭新宇，赵春江，等，2004. 玉米叶片几何造型研究[J]. 农业工程学报，20（1）：152-154.

周俞辰，2016. 基于激光三角测距法的激光雷达原理综述[J]. 电子技术与软件工程（19）：94-95.

朱庆生，何新乐，2012. 光影响下的植物生长模拟方法与可视化建模[J]. 世界科技研究与发展，34（6）：964-968.

朱文欢，2016. 点云数据预处理优化算法的研究与应用[D]. 广州：广东工业大学.

朱奕杰，2006. 基于Linux的OpenGL性能及跨平台应用程序开发研究[D]. 哈尔滨：哈尔滨工程大学.

朱智磊，2018. 基于点云数据构建单木枝干骨架方法的研究[D]. 保定：河北农业大学.

曾建飞，1999. 中国植物志：第五十二卷第一分册[M]. 北京：科学出版社.

邹际样，2013. 基于kd-tree加速的点云数据配准技术研究[D]. 合肥：安徽大学.

Anderson E F, Barthlott W, Brown R, 2001. The cactus family[M]. USA: Timber Press, Portland Oregon.

Bae S H, Balakrishnan R, Singh K, 2008. I Love Sketch: as-natural-as-possible sketching system for creating 3D curve models[C]. ACM Symposium on User Interface Software and Technology. 151-160.

Bournez E, Landes T, Saudreau M, et al., 2017. From TLS point clouds to 3D models of trees: a comparison of existing algorithms for 3D tree reconstruction[J]. ISPRS-International Archives of the Photogrammetry, Remote Sensing and Spatial Information Sciences, XL II -2/W3: 113-120.

Cabo C, Ordoñez C, García-Cortés S, et al., 2014. An algorithm for automatic detection of pole-like street furniture objects from Mobile Laser Scanner point clouds[J]. Isprs Journal of Photogrammetry&Remote Sensing, 87（1）: 47-56.

De Reffye P, Edelin C, Francon J, et al., 1988. Plant models faithful to botanical structure and development[J]. Computer Graphics, 22（4）: 151-158.

Bouman B A M, van Keulen H, van Laar H H, et al., 1996. The School of de Wit 'Crop growth simulation models' a pedigree and historical overview[J]. Agricultural Systems, 52: 171-198.

De Reffye P, Houllier F, 1997. Modelling plant growth and architecture: some recent advances and applications to agronomy and forestry[J]. Current Science, 73（11）: 984-992.

Room P M, Hanan J S, Prusinkiewicz P, 1996. Virtual plants: New perspectives for ecologists, pathologists and agricultural scientists[J]. Trends in Plant Science, 1（1）: 33-38.

Fan L, Wang R, Xu L, et al., 2013. Modeling by drawing with shadow guidance[C]. Computer Graphics Forum. 157-166.

Fleishman S, Drori I, Cohen-Or D, 2003. Bilateral mesh denoising[J]. Acm Transactions on Graphics, 22（3）: 950-953.

Gorte B, Pfeifer N, 2004. Structuring laser-scanned trees using 3D mathematical morphology[J]. International Archives of photogrammetry and Remote Sensing, 35（B5）: 929-933.

Han F, Zhu S C, 2003. Bayesian reconstruction of 3D shapes and scenes from a single image[C]. Proceeding of IEEE Workshop on Higher-Level Knowledge in 3D Modeling and Motion Analysis. 12-20.

Hanan J, 1997. Virtual Plants-Integrating architectural and Physiological models[J]. Environmental Modeiling and Software, 12: 35-42.

Igarashi T, Hughes J F, 2001. A suggestive interface for 3D drawing[C]. Symposium on User Interface Software and Technology. 173-181.

Ivanov R W, Andrieu W L, Gladimir V G, 2004. Physically-based simulation of plant leaf growth[J]. Computer Animation and Virtual Worlds, 15: 237-244.

Kulandaivelu V, Sonohat G, Sinoquet H, et al., 2006. Three-dimensional reconstruction of partially 3D digitised peach tree canopies[J]. Tree Physiology, 26: 337-351.

Lee K H, Woo H, Suk T, 2001. Point Data Reduction Using 3D Grids[J]. International Journal of Advanced Manufacturing Technology, 18（3）: 201-210.

Lindenmayer A, 1968. Mathematical models for cellular interaction in development[J]. Parts1 and part 2. Journal of Theoretical Biology, 18: 280-315.

Mesh R, Prusinkiewicz P, 1996. Visual Models of Plants Interacting with Their Environment[C]. In Computer Graphics Proceedings, Annual Conference Series, ACM SIGGRAPH. 397-410.

Michael Thies, Norbert Pfeifer, Daniel Winterhalder, et al., 2004. Three-dimensional reconstruction of stems for assessment of taper, sweep and lean based on lasers canning of standing trees[J]. Scandinavian Journal of Forest Research, 19: 571-581.

Nealen A, Igarashi T, Sorkine O, et al., 2007. Fiber Mesh: designing freeform surfaces with 3D curves[J]. ACM Transactions on Graphics, 26（3）: 41.

Neubert B, Franken T, Deussen O, 2007. Approximate image-based tree-modeling using particle flows[J]. ACM Transactions. on Graphics, 26（3）: 88.

Nobuyuki Otsu, 1979. A threshold selection method from gray-level histogram[J]. IEEE Transactions on Systems, Man and Cybernetics, 9（1）: 62-66.

Prusinkiewicz P, James M, Mech R, 1994. Synthetic topiary[C]. In SIGGRAPH 94 conference Proceedings. 351-358.

Prusinkiewiez P, Lindenmayer A, 1990. The Algorithmic Beauty of Plants[M]. New York: Springer-Verleg.

Quan L, Tan P, Zeng G, Yuan L, et al., 2006. Image-based plant modeling[J]. ACM Transactions on Graphics, 25（3）: 772-778.

Raumonen P, Kaasalainen M, Akerblom M, et al., 2013. Fast Automatic Precision Tree Models from Terrestrial Laser Scanner Data[J]. Remote Sensing, 5（2）: 491-520.

Reche-Martinez A, Martin I, Drettakis G, 2004. Volumetric reconstruction and interactive rendering of trees from photographs[J]. ACM Transactions. on Graphics, 23（3）: 720-727.

Rivers A, Durand F, Igrarshi T, 2010. 3D Modeling with Silhouettes[J]. ACM Transactions on Graphics, 29（4）: 1-6.

Rivet P, Sinoquet H, 2007. Measurement and visualization of the architecture of an adult tree based on a three-dimensional digitizing device[J]. Tree, 11: 265-270.

Shen W, Zhao K, Jiang Y, et al., 2017. Deep Skeleton: Learning Multi-task Scale-associated Deep Side Outputs for Object Skeleton Extraction in Natural Images[J]. IEEE Transactions on Image Processing（99）: 1-1.

Sinoquet H, Rivet P, Cretenet M, et al., 1997. Leaf orientation and sunlit leaf area distribution in cotton[J]. Agricultural and Forest Meteorology, 86: 1-15.

Smith G S, 1992. A method for analyzing plant architecture as it relates to fruit quality using three-dimensional computer graphics[J]. Annals of Botany, 70: 265–269.

Smith G S, 1994. Spatial analysis of the canopy of kiwifruit vines as it relates to the physical, chemical and postharvest attributes of the fruit[J]. Ann. Bot., 73: 99–111.

Sonohat G, Sinoquet H, Varlet-Grancher C, et al., 2002. Leaf dispersion and light partitioning in three-dimensionally digitized tall fescue-white clover mixtures[J]. Plant, Cell & Environment, 25 (4): 529–538.

Tan P, Zeng G, Wang J, et al., 2007. Image-based tree modeling[J]. ACM Trans. on Graphics, 26 (3): 87.

Van Haevre W, Bekaert P, 2003. A simple but effective algorithm to model the competition of virtual plants for light and space[C]. International Conference in Central Europe on Computer Graphics, Visualization and Computer Vision. 2–3.

Wang X P, Guo Y, Li B G, et al., 2006. Evaluating a three dimensional model of diffuse photosynthetically active radiation in maize canopies[J]. Biometeorol, 50: 349–357.

Watanabe T, Hanan J S, Room P M, 1999. Virtual Rice: I. Measurement and specification of three-dimensional structure[J]. Japanese Journal of Crop Science, 68 (Ex.2): 68–69.

Watanabe T, Hanan J S, Room P M, et al., 2005. Rice morphogenesis and plant architecture: measurement, specification and the reconstruction of structural development by 3D architectural modelling[J]. Annals of Botany, 95 (7): 1 131–1 143.

Watanabe T, Room P M, Hanan J S, 2001. Virtual rice simulating the development of plant architecture[J]. International Rice Research Notes, 26 (2): 60–62.

Weber J, Penn J, 1995. Creation and rendering of realistic trees[C]. In Proc. SIGGRAPH, ACM press. 119–127.

Xu H, Gossett N, Chen B, 2007. Knowledge and Heuristic Based Modeling of Laser-Scanned Trees[J]. ACM Transactions on Graphics, 26 (4): 303–308.

Yong J L, Zitnick C L, Cohen M F, 2011. Shadow Draw: real-time user guidance for freehand drawing[J]. ACM SIGGRAPH, 30 (4): 1–10.

彩图1-1　火龙果的根系形态

彩图1-2　火龙果茎的形态

彩图1-3　火龙果刺座形态

彩图1-4　已完成分化的
火龙果花芽和叶芽

彩图1-5　火龙果花形态

彩图1-6　火龙果果实形态

彩图1-7　火龙果幼苗期
（来源：http：//m.sohu.com/n/485885965/）

彩图1-8　火龙果成长期

彩图1-9　火龙果开花期

彩图1-10　火龙果结果期

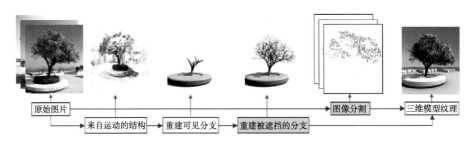

彩图2-1　基于图像的植物三维建模流程
（来源：张玲玲，2019）

彩图2-2　基于激光扫描的大豆植株三维重建效果
（来源：高寒，2018）

彩图3-1　预处理后的火龙果茎、花朵和果实

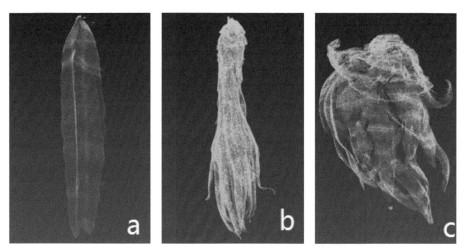

彩图3-2　火龙果茎干、花朵和果实的三维点云数据

a. 原始点云数据　b. 选取噪声点　c. 删除噪声点后的点云数据

彩图4-1　交互式手动去除噪声过程

a. 平滑前　b. 平滑后

彩图4-2　火龙果点云平滑前后对比

104

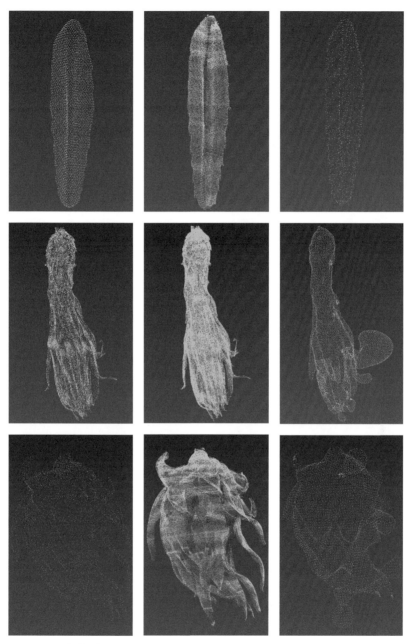

a. 曲率精简后的点云数据 b. 平均距离精简后的点云数据
c. 随机精简后的点云数据

彩图5-1 点云数据精简的过程

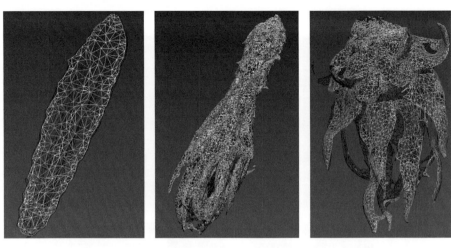

彩图6-1 火龙果器官点云Delaunay三角剖分效果

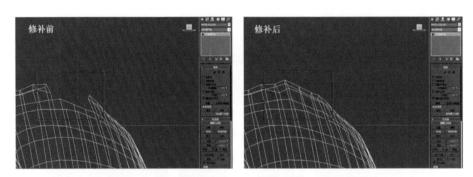

彩图7-1 火龙果果实鳞片模型漏洞修补前后对比

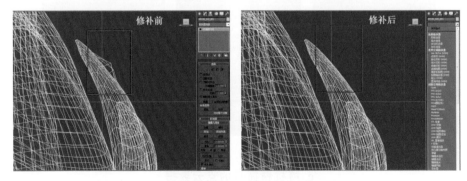

彩图7-2 火龙果果实鳞片模型异常修补前后对比

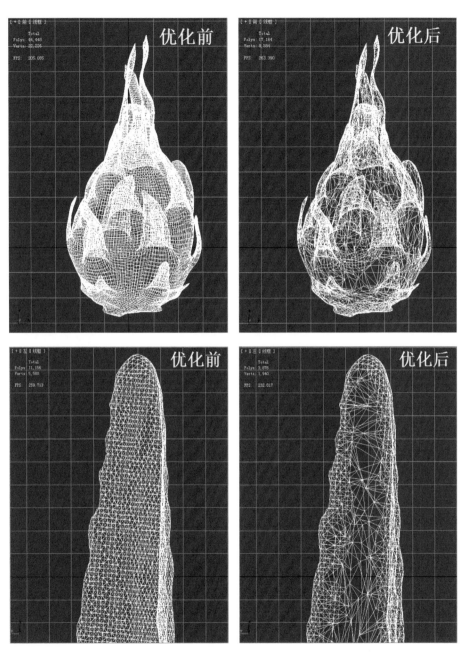

彩图7-3　火龙果器官三维几何模型优化前后对比

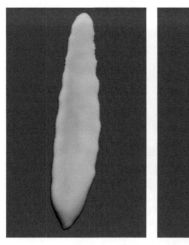

彩图7-4　3DS Max 2012中构建的火龙果器官三维模型

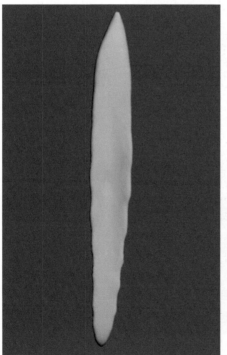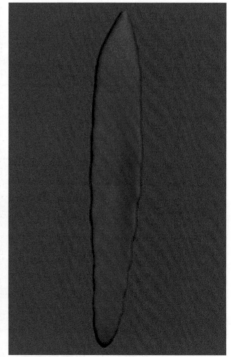

彩图7-5　颜色渲染前后火龙果茎模型对比

彩图7-6　纹理贴图前后火龙果花朵和果实对比

光照处理前

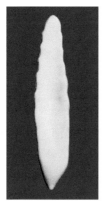

光照处理后

彩图7-7　光照处理前后火龙果茎干、花朵和果实对比

109

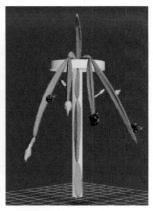

a. 营养生长期　b. 开花结果期　c. 成熟期

彩图7-8　不同生长阶段火龙果三维形态模型

彩图8-1　火龙果三维可视化系统主界面

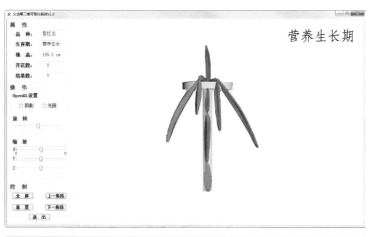

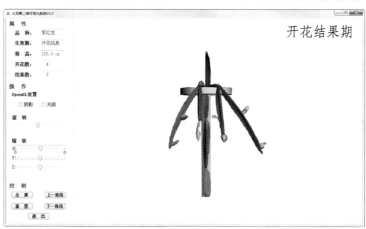

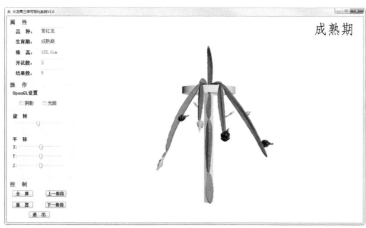

彩图8-2　火龙果不同生育期切换效果

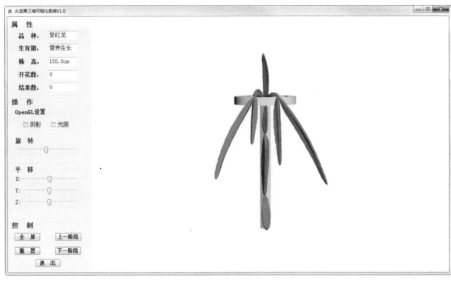

彩图8-3　执行旋转操作前后的模型效果

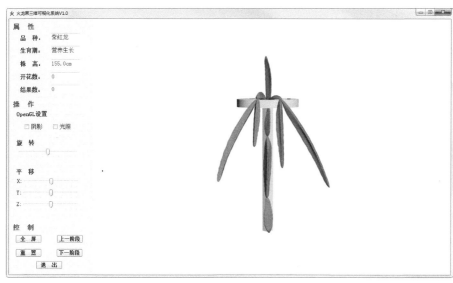

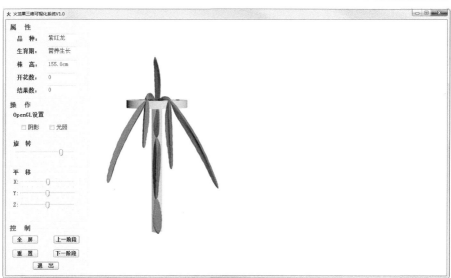

彩图8-4　执行平移操作前后的模型效果

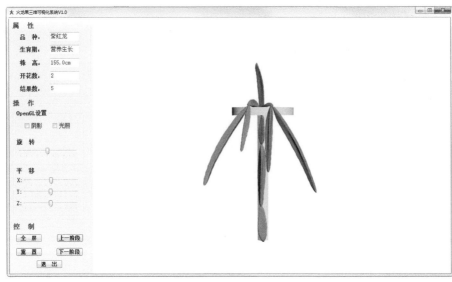

彩图8-5　OpenGL渲染前后的模型效果